BIBLIOTHÈQUE DU JARDINIER

PUBLIÉE SOUS LA DIRECTION

De MM. DECAISNE, Membre de l'Académie des Sciences, professeur de culture
au Jardin des Plantes,

Et L. VILMORIN, membre de la Société impériale d'agriculture.

———

CHIMIE ET PHYSIQUE

HORTICOLES.

Paris. — Typographie de Firmin Didot frères, rue Jacob, 56.

BIBLIOTHÈQUE DU JARDINIER

CHIMIE ET PHYSIQUE

HORTICOLES

Par P. P. DEHÉRAIN,

Préparateur au Conservatoire des arts et métiers.

PARIS,

DUSACQ, LIBRAIRIE AGRICOLE DE LA MAISON RUSTIQUE,

RUE JACOB, 26.

1854

INTRODUCTION.

Notre principal but a été de justifier aux yeux des jardiniers et des agriculteurs les pratiques que leur a léguées l'expérience des siècles. Nous donnons l'explication de ces pratiques, les raisons scientifiques de leur utilité.

Nous n'avons pas craint toutefois d'en condamner quelques-unes, soit d'une manière générale, soit en spécifiant les seuls cas particuliers, les seules circonstances de culture où leur emploi est avantageux. Nous ne prétendons pas, on le voit, à diriger absolument dans leurs opérations des personnes auxquelles un travail de chaque jour a enseigné mille secrets que nous ignorons ; nous espérons seulement leur éviter quelques erreurs, et leur venir en aide quand elles hésiteront à rejeter ou à adopter quelque méthode nouvelle. Avant d'entrer en matière, nous allons définir le petit nombre de mots scientifiques que nous emploierons dans le cours de cet ouvrage.

DÉFINITIONS.

1. *Molécules.*—L'hypothèse sur laquelle s'appuient la physique et la chimie est celle de l'existence des molécules. On suppose qu'un corps quelconque est composé de parties très-petites (infiniment petites), formant chacune un tout compacte et absolument inaltérable, maintenues à distance et groupées dans un certain ordre sous l'influence des agents naturels.

2. *Distinction de la physique et de la chimie; corps simples et composés.* — La Physique étudie ces divers agents naturels, elle raconte en autant de chapitres les diverses actions de chacun d'eux sur les corps en général (théorie de la chaleur, théorie de la lumière, de l'électricité, etc.); elle traite aussi des propriétés communes à tous les corps (géométrie ou théorie de l'étendue, cinématique ou théorie du mouvement, etc.). La Chimie, au contraire, étudie les corps l'un après l'autre, pour faire l'histoire de chacun d'eux. Elle dit si elle a trouvé en un corps une ou plusieurs espèces de molécules (corps simples et corps composés), elle donne les différentes manières dont ces molécules se groupent sous l'influence des divers agents naturels (à quel degré de chaleur le corps passe de l'état solide à l'état liquide, s'il est altéré par la lumière ou l'électricité, etc.); elle énumère enfin les changements qu'apporte à la composition de ce corps le contact de tous les autres, et elle enseigne les conditions dans lesquelles ces changements ont lieu. D'après ces considérations, chaque corps est ensuite classé parmi ceux qui offrent avec lui le plus d'analogie : nous dirons tout à l'heure quelques mots sur la classification ou *nomenclature* chimique.

3. *Corps composés et combinaisons.* — Nous venons de dire que le chimiste appelle *corps simples* ceux qui, soumis à tous les moyens de décomposition dont il peut disposer, ne lui paraissent être formés que d'une seule substance, ne contenir qu'une seule espèce de molécules, et au contraire, *composés* ceux qu'il peut séparer en plusieurs substances distinctes, en plusieurs corps simples; cependant, pour que la réunion de ces divers corps simples forme bien un *corps composé*, ayant un nom spécial, il faut que les diverses espèces de molécules y soient à l'état de *combinaison* : c'est-à-dire que chaque substance première entre dans le composé pour un poids déterminé. Ainsi, deux corps sim-

ples, l'oxygène et l'hydrogène, deux gaz qu'on n'a pu encore ramener à l'état liquide, se combinent dans certaines circonstances pour former de l'eau, *corps composé* de 100 parties d'oxygène, contre 12,50 d'hydrogène, et qui jouira de propriétés toutes différentes de celles des deux gaz qui lui ont donné naissance.

4. *Mélange.* — Si, au contraire, une masse est formée de diverses molécules simples, mais sous des poids indéterminés, cette masse ne sera pas appelée un *corps composé*, mais un mélange de corps, simples ou composés, qui gardera les propriétés des corps qui le constituent. Ainsi, en *mélangeant* aussi intimement que possible de la craie et du charbon, on aura toujours de la craie et du charbon, qu'on pourra facilement distinguer; tandis qu'en *combinant* de l'oxygène et de l'hydrogène, on n'a plus ni l'un ni l'autre, mais de l'eau.

5. *Affinité.* — La force qui réunit en *combinaison* des molécules, simples ou composées, d'espèces différentes, s'appelle affinité. Ainsi les deux corps simples oxygène et hydrogène peuvent se *combiner* pour former de l'eau; la force qui les réunit et empêche leur séparation est l'affinité. C'est encore elle qui réunira et re-

tiendra l'une auprès de l'autre les deux molécules composées acide carbonique et chaux,
constituant la craie ou calcaire.

.6. *Cohésion.* — La force qui maintient les
unes auprès des autres les molécules d'un corps,
simple ou composé, s'appelle cohésion. Très-
grande dans les corps solides, comme le fer,
elle sera plus faible dans un corps liquide,
comme l'eau dont on sépare les molécules avec la
plus grande facilité.

NOMENCLATURE.

Les corps simples portent des noms qui les
distinguent de toute antiquité (fer, cuivre,
étain), ou qui rappellent quelques-unes de leurs
propriétés (chlore, *vert;* azote, *qui prive de la
vie)*; les corps composés tirent leurs noms des
éléments simples qui les composent. On appel-
lera, par exemple, oxyde de fer un corps composé des éléments simples oxygène et fer.

On dit qu'un composé est binaire, ternaire,
quaternaire, suivant que deux, trois ou quatre
corps simples entrent dans sa combinaison.

1. *Sels, Acides, Bases.* — Ces trois mots
s'expliquent l'un par l'autre. Un sel est la combinaison d'un acide et d'une base. L'acide est l'é-

lément du sel qui, isolé de la base, rougit la teinture de tournesol (1), qui rappelle le goût et l'odeur piquante du vinaigre ou de l'esprit de sel. La base est l'élément du sel qui, isolé de l'acide, ramène au bleu la teinture de tournesol préalablement rougie par l'action des acides.

2. *Sels ternaires et binaires.* — Un sel dont l'acide contiendra de l'oxygène sera généralement un composé ternaire. Exemple : Le sulfate de chaux est un sel; son acide est l'acide sulfurique (oxygène et soufre), sa base est la chaux (oxygène et calcium), ce sel est composé de trois corps simples : oxygène, soufre et calcium. Mais si l'acide ne contient pas d'oxygène, le sel sera généralement un composé binaire. Exemple : Si on met en présence l'acide chlorhydrique (chlore et hydrogène) et la base appelée soude (oxygène et sodium), l'oxygène de la base se trouvant avec l'hydrogène de l'acide dans les proportions 100 contre 12,50 (voir plus haut), il se formera de l'eau et un sel binaire, le chlorure de sodium (sel marin).

(1) Matière bleue qu'on extrait de certains lichens.

CHIMIE ET PHYSIQUE

HORTICOLES.

CHAPITRE PREMIER.

De l'air atmosphérique.

Les anciens avaient reconnu l'existence de l'air, et ils soupçonnaient son importance, puisqu'ils l'avaient placé au nombre des éléments; mais ce n'est que dans les temps modernes, et même assez rapprochés de nous, que les savants ont pu spécifier ses propriétés, puis sa nature complexe, et enfin le rôle immense qu'il joue dans la vie des êtres organisés (végétaux et animaux).

Section I. — Propriétés physiques de l'air.

L'air est un *gaz*, c'est-à-dire un corps dont les molécules sont dans un état constant de répulsion, cherchant toujours à s'éloigner les unes des autres, et occupant par conséquent toute la place qu'on peut leur offrir.

L'air ne s'étend pas cependant indéfiniment dans l'espace; car il est pesant, il est attiré vers le centre de la terre, et forme autour d'elle une grande enveloppe dont la hauteur est de quinze lieues environ, soixante mille mètres; c'est là ce qu'on appelle l'*atmosphère*.

I. — *Pesanteur de l'air.*

Il est bien facile de démontrer cette pesanteur de l'air ; les physiciens ont construit un instrument capable d'enlever d'un vase tout l'air qu'il contient, comme à l'aide d'une pompe on soutire l'eau contenue dans un seau. Si donc au moyen de cet instrument, nommé *machine pneumatique*, on enlève l'air d'un vase, qu'on pèse ce dernier, qu'on le remplisse d'air ensuite et qu'on pèse de nouveau, on trouvera une différence de poids sensible : l'air est donc pesant.

C'est l'ascension de l'eau dans les tuyaux de pompe après quelques coups de piston, qui a donné la première idée de cette pesanteur de l'air. Les anciens, ne sachant comment expliquer ce phénomène, admettaient que la nature avait horreur du vide. Cependant, au commencement du XVIIe siècle, on s'aperçut, à Florence, que cette horreur de la nature pour le vide n'était pas absolue, que l'eau ne montait pas indéfiniment dans des tubes d'une grande hauteur, et qu'elle s'arrêtait à 10^m,2 (32 pieds). Torricelli, le premier, pensa que c'était peut-être l'air qui soutenait cette colonne d'eau, et que sa pression, suffisante pour la faire monter jusqu'à 10 mètres (32 pieds), était incapable de l'élever davantage. Si, en effet, c'était l'air qui soutenait le liquide, un liquide plus pesant que l'eau, soutenu par cette même pression atmosphérique, devait nécessairement s'élever moins haut, et d'autant moins haut qu'il était plus lourd. On fit l'expérience avec du mercure (vif-argent) : et on reconnut qu'il ne s'élevait qu'à 0^m,76, au lieu de 10 mètres, car, étant 13,5 fois plus lourd que l'air, il devait s'élever 13,5 moins haut ; ce que le calcul démontre de son côté : 13,5 × 0^m,76 = 10^m,26.

On peut facilement répéter cette belle expérience en remplissant de mercure un tube d'un mètre, fermé à l'une de ses extrémités ; on bouche avec le doigt l'ouverture, de manière à ne pas laisser entrer d'air, et on retourne le tube dans un verre contenant également du mercure ; on ôte alors le doigt : la colonne de mercure, après être un peu descendue, finit par se fixer à la hauteur de $0^m,76$ environ (fig. 1).

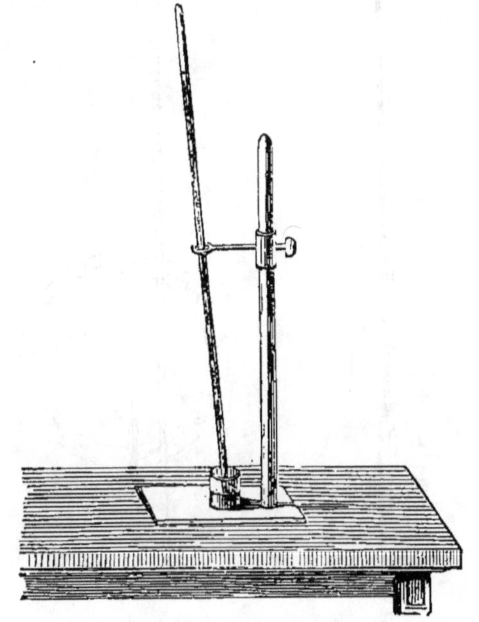

Fig. 1. — Tube rempli de mercure, démontrant la pression de l'air.

II. — *Baromètre.*

Cet appareil, légèrement modifié, porte le nom de *baromètre.*

On lui donne différentes formes :

On nomme *baromètre à cuvette* un instrument composé d'un tube à mercure qui plonge dans un vase contenant également du mercure.

Le *baromètre à siphon* (fig. 2) est formé d'un tube recourbé, fermé en D et ouvert en A. Pour observer la hauteur de la colonne mercurielle avec cet appareil, il est nécessaire de faire deux lectures, l'une sur le tube AB, l'autre sur le tube CD, et on retranche de la hauteur BE, la hauteur BK; c'est seulement à la colonne CE que l'atmosphère fait équilibre.

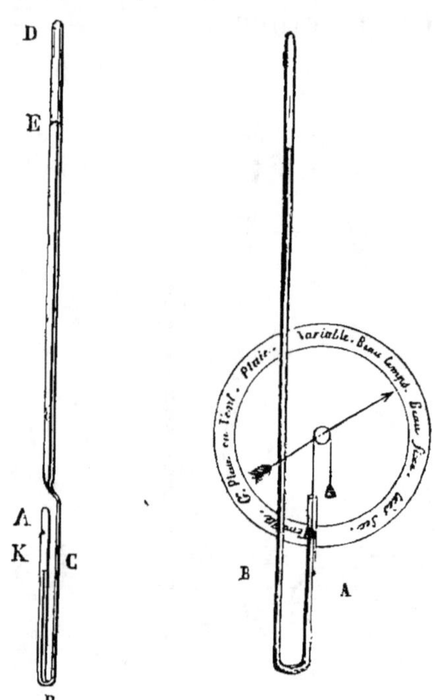

Fig. 2. — Baromètre à siphon.   Fig. 3. — Baromètre à cadran.

Enfin, on nomme *baromètre à cadran* (fig. 3), un baromètre à siphon auquel on ajoute une petite rondelle qui nage sur le mercure en A, monte et descend avec lui; à cette rondelle est fixé un fil qui s'enroule autour d'une petite poulie, et qui porte à son autre extrémité, un poids suffisant pour le tendre constamment. A l'axe de la poulie est adaptée une aiguille placée devant un cadran. Le mercure, en montant et en descendant en A, fait monter ou descendre la rondelle, tourner la poulie, et marcher l'aiguille. La fig. 3 indique le mécanisme qu'on dissimule ordinairement par un encadrement qui ne laisse voir que les aiguilles.

Le baromètre est employé à différents usages ; il peut servir à mesurer la pression atmosphérique, et, par conséquent, la hauteur des montagnes.

Si, en effet, on conçoit une colonne d'air verticale, de même hauteur que l'atmosphère, divisée en zônes ou couches horizontales d'égale épaisseur et très-rapprochées les unes des autres, la pression que supportera chaque couche sera représentée par le poids de toutes celles qui se trouvent au-dessus ; il en résulte que la pression de l'air doit diminuer à mesure que l'on s'élève dans l'atmosphère, et que, dans un mouvement graduel d'ascension à partir du niveau de la mer, la longueur de la colonne de mercure, faisant équilibre à une pression atmosphérique plus faible, doit aller graduellement en diminuant. Ainsi, en gravissant, une montagne, on laisse pour ainsi dire à chaque pas au-dessous de soi une certaine partie de l'atmosphère qui ne presse plus sur la cuvette du baromètre ; la hauteur de la colonne diminue, et cette diminution, plus ou moins grande, peut indiquer l'élévation plus ou moins considérable à laquelle on est parvenu.

C'est au géomètre français, Pascal, qu'on doit cette belle découverte ; il la fit en Auvergne, sur le Puy-de-Dôme.

Si la hauteur de la colonne barométrique indique avec exactitude la pression atmosphérique, nous sommes en droit d'en conclure que les oscillations de cette même colonne peuvent indiquer les changements de pression qui s'exercent dans l'atmosphère, changements dont les uns sont réguliers et se remarquent d'une façon constante à certaines heures de la journée, et tous les autres sont purement accidentels. On a observé que les orages, les ouragans sont toujours précédés par de brusques oscillations du baromètre, qui nous les transmet souvent avant que nous les apercevions.

Enfin, on croit avoir remarqué que lorsque la colonne de mercure s'élève dans le tube, que le *baromètre monte*, suivant l'expression vulgaire, le temps se met au beau, et que lorsqu'il est mauvais, au contraire, le baromètre descend. De là, l'usage de cet instrument dans la vie ordinaire.

III. — *Pression de l'air sur la surface du globe.*

Lorsque l'on connaît la hauteur du baromètre en un lieu quelconque, il est facile d'évaluer la pression que l'air y exerce. Cette pression est égale, en effet, au poids d'une colonne verticale de mercure qui aurait pour base la surface que l'on considère, et, pour hauteur la hauteur du mercure dans le baromètre, ou bien la hauteur d'une colonne d'eau 13,59 fois plus grande. Si nous supposons que la hauteur du baromètre est 76 centimètres de mercure, la pression sur une surface d'un centimètre carré sera de 1033 centimètres d'eau ou de $1^k,033$, puisque nous savons qu'un centimètre cube d'eau pèse 1 gr.; — mais si la surface était de 20, de 30 centimètres carrés, la pression serait vingt à trente fois plus considérable. Si on admet que la surface d'un homme est de 1 mètre carré, c'est-à-dire de 10000 centimètres carrés, la pression exercée sur sa surface sera de plus de 10000 kilogr.; pression énorme qu'il ne pourrait supporter si les gaz et les liquides que contient le corps humain, pressant de dedans en dehors, ne lui faisaient équilibre.

IV. — *Action de la chaleur sur l'air. — Thermomètre.*

Comme tous les corps, l'air, en s'échauffant, augmente de volume, il se dilate. De deux volumes égaux d'air, le plus chaud sera donc le plus léger, et par conséquent, dans un mélange d'air chaud et d'air froid, l'air chaud montera à la partie supérieure ; ainsi, dans une serre, il fait toujours plus chaud en haut qu'en bas.

Certaines plantes ne pouvant végéter que dans une atmosphère chaude, d'autres, au contraire, se contentant d'une atmosphère tempérée, il est utile d'avoir des moyens précis de comparer les températures. On se sert pour cela du thermomètre. Le principe sur lequel est basée la construction de cet instrument est l'augmentation de volume ou la dilatation des liquides sous l'influence de la chaleur : les liquides employés de préférence sont le mercure et l'alcool (*esprit-de-vin*).

Le thermomètre (fig. 4) se compose essentiellement d'un réservoir soudé à un tube extrêmement fin (capillaire). On introduit, dans le réservoir et dans une partie du tube, le liquide avec lequel on veut construire le thermomètre, du mercure, par exemple, et l'on ferme ensuite le tube. Quand le thermomètre est ainsi construit, il faut le graduer.

Fig. 4.
Thermomètre.

Cette opération consiste à soumettre l'instrument à deux températures fixes qu'il sera toujours facile de retrouver.

Les températures que l'on a choisies pour *points fixes* du thermomètre sont celles de la glace fondante et de l'eau bouillante. Quand la glace se trouve exposée à une chaleur suffisante pour entrer en fusion, tant qu'elle n'est pas entièrement fondue, l'eau à laquelle elle est mélangée ne peut s'échauffer. On place donc le thermomètre dans cette glace en fusion : le mercure s'arrête à un certain point de la colonne, et ce point s'indique sur la tige par le 0. On plonge ensuite l'appareil dans de l'eau bouillante. Le mercure monte dans le tube ; quand il y est resté stationnaire pendant un certain temps, on note par le chiffre 100 le point où il s'est arrêté, et l'on divise ensuite l'espace compris entre les deux limites en cent parties égales ou *degrés*. On nomme ces thermomètres divisés en cent parties, *thermomètres centigrades* ou *centésimaux*.

Le signe ° après un nombre veut dire *degré* ; le nombre qui le précède indique le nombre de divisions du thermomètre à partir de zéro, auquel correspond la température dont on parle.

De nombreuses expériences de physique ont démontré que l'eau bout toujours à la même température *sous la même pression atmosphérique* : cette dernière condition est essentielle à noter, car, pour des pressions différentes, la température d'ébullition change considérablement. Un liquide bout quand la vapeur qui se forme dans son sein a une force suffisante pour vaincre la pression qui s'exerce sur sa surface : si on diminue cette pression, il faudra moins de force pour la vaincre, et la température d'ébullition sera moins élevée. Sur les montagnes, comme nous l'avons dit, la pression atmosphérique est moindre ; aussi *l'eau bouillante y est-elle moins chaude.* A l'hospice du Saint-Gothard, dans les Alpes, l'eau entre en ébullition à 92°, 9. A Madrid, ville située à 608 mètres au-dessus du niveau de la mer, l'eau

bout à 97°, 8 ; enfin, à Paris, elle bout à 99°, 5, près
de 100 degrés.

Les thermomètres le plus généralement en usage
sont les thermomètres à alcool. On ne peut pas les graduer par les mêmes procédés que les appareils à mercure, car l'alcool entre en ébullition à une température
plus basse que l'eau : on se contente de les soumettre à
différentes températures à côté d'un bon thermomètre
à mercure. Quand celui-ci est stationnaire à un point
déterminé, à 25° par exemple, on observe le point où
s'arrête l'alcool dans le thermomètre en construction, et
on marque à ce point 25° ; on a pu déterminer directement le point zéro ; on divisera ensuite l'espace compris
entre 0 et 25° en 25 parties égales, et l'on prolongera la
division au-dessus et au-dessous de ces deux points.

Section II. — Composition et propriétés chimiques de l'air.

L'air est formé du mélange de deux gaz simples, l'oxygène et l'azote, et d'une très-faible partie d'acide carbonique et de vapeur d'eau ; c'est à Lavoisier qu'on doit
la découverte des principes constituants de l'air atmosphérique.

I. — *Analyse de l'air atmosphérique.*

Cet illustre chimiste fit chauffer, pendant plusieurs
jours, du mercure en contact avec de l'air atmosphérique (fig. 5), dans un ballon A, muni d'un grand tube
se recourbant sous une cloche contenant du mercure et
de l'air atmosphérique. La différence de niveau entre le
mercure de la cloche et le mercure de la cuve extérieure permettait de constater l'absorption du gaz. Le
premier jour il ne s'était rien passé. « Le second jour,

« j'ai commencé, dit-il, à voir nager sur la surface du
« mercure de petites parcelles rouges qui, pendant qua-
« tre ou cinq jours, augmentèrent en nombre et en vo-
« lume, après quoi elles cessèrent de grossir, et restè-
« rent absolument dans le même état... »

Lavoisier reconnut ensuite que « l'air qui restait après
« cette opération, et qui avait été réduit aux quatre cin-
« quièmes de son volume par la calcination du mercure,

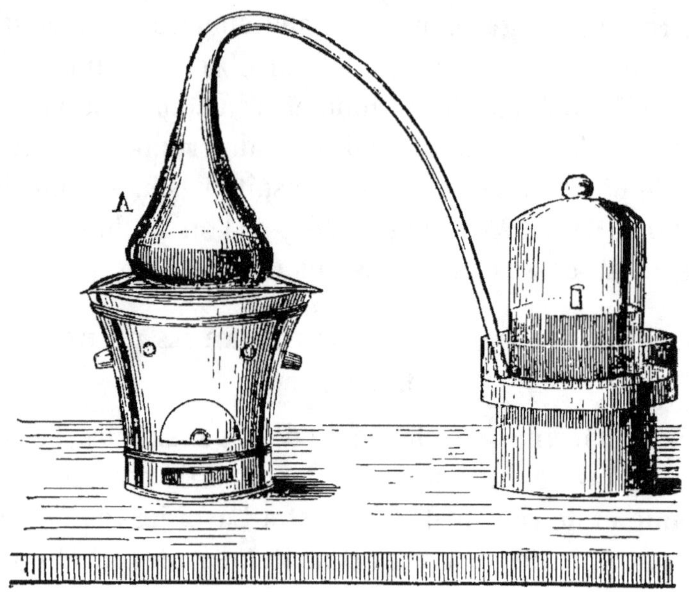

Fig. 5 — Appareil de Lavoisier. Absorption de l'oxygène de l'air, au moyen
du mercure chauffé.

« n'était plus propre ni à la respiration ni à la combus-
« tion ; car les animaux qu'on y introduisait y périssaient
« en peu d'instants, et les lumières s'y éteignaient sur-le-
« champ, comme si on les eût plongées dans de l'eau. »

L'air au contact du mercure échauffé avait donc perdu
une partie de ses éléments. Le gaz restant, irrespirable
et incapable d'entretenir la combustion fut nommé
azote, c'est-à-dire, *gaz qui prive de la vie.*

Il s'agissait ensuite d'examiner cette partie de l'air

qui avait été absorbée par le mercure. Pour cela, Lavoisier prit à part les parcelles rouges ainsi obtenues, et, en les chauffant dans une petite cornue, il put régénérer le mercure et obtenir un « gaz incolore, beaucoup « plus propre que l'air de l'atmosphère à entretenir la « combustion et la respiration des animaux.

« Ayant fait passer une portion de cet air dans un tube « de verre d'un pouce de diamètre, et y ayant plongé « une bougie, elle y répandait un éclat éblouissant; « le charbon, au lieu de s'y consumer paisiblement « comme dans l'air ordinaire, y brûlait avec flamme et « une sorte de décrépitation à la manière du phosphore, « et avec une vivacité de lumière que les yeux avaient « peine à supporter. »

L'*oxygène* était découvert.

Ainsi, l'air atmosphérique est composé de deux gaz, l'*oxygène* et l'*azote*; oxygène propre à entretenir la combustion et la respiration, se combinant avec tous les corps de la nature, et jouant dans la vie végétale et animale le rôle le plus important. C'est lui qui brunit la chair de certains fruits (poires, pommes) lorsqu'on les ouvre, qui roussit et convertit en terreau la sciure de bois, qui fait bleuir subitement certains champignons, qui fait passer au bleu l'indigo blanc renfermé dans certaines plantes, etc.

L'oxygène entre pour un cinquième dans la composition de l'air atmosphérique, où son activité est tempérée par près de quatre cinquièmes d'azote. C'est à cet état de mélange qu'il sert à alimenter la combustion du bois, etc.; il n'est pas moins nécessaire à la respiration des animaux, chez lesquels, en se combinant avec le carbone du sang, il donne lieu à la chaleur vitale. Si l'oxygène manque, l'animal meurt; il ne peut plus respirer, il est asphyxié.

L'azote, qui entre pour une part si grande dans la composition de l'air que nous respirons, n'a, au contraire, que des affinités peu énergiques; il semble ne servir qu'à mitiger les propriétés trop excitantes de l'oxygène; il est impropre à la combustion et à la respiration: tout y meurt et s'y éteint.

Nous avons dit que l'air atmosphérique contenait, outre l'oxygène et l'azote, de la vapeur d'eau et de l'acide carbonique. Voyons comment on peut constater la présence de ces deux corps.

II. — *Présence de la vapeur d'eau et de l'acide carbonique dans l'air atmosphérique.*

Vapeur d'eau. Lorsqu'on place dans un air tiède une bouteille remplie d'un liquide relativement froid, on la voit bientôt se ternir : d'imperceptibles gouttelettes la recouvrent; elles augmentent, et l'eau qui les forme finit par ruisseler. Cette eau existait donc dans l'air à l'état de vapeur invisible; elle s'est refroidie, *condensée* au contact de la bouteille froide, et s'est précipitée à l'état liquide.

L'acide carbonique, dont nous avons annoncé la présence dans l'air, est un gaz plus lourd que celui-ci, irrespirable, incapable de brûler et d'entretenir la combustion; il est composé d'oxygène et de carbone, et prend naissance toutes les fois qu'on brûle du charbon, ou toute autre matière carbonée ; les animaux en exhalent aussi une quantité notable par la respiration. C'est de l'acide carbonique qui s'échappe des boissons mousseuses, telles que le cidre ou la bière.

Pour démontrer la présence de l'acide carbonique dans l'air, on éteint dans l'eau de la chaux vive, et on ajoute suffisamment de liquide pour que la chaux puisse

s'y délayer de manière à former un *lait de chaux* (fig. 6) ;
on filtre ensuite, et on obtient une liqueur claire, lim-
pide, qui renferme, à l'état de dissolution, une certaine quantité de chaux ; celle-ci absorbe facilement

Fig. 6. — Filtration d'un lait de chaux.

l'acide carbonique, et forme alors de la craie tout à fait
insoluble dans l'eau (carbonate de chaux, qui trouble la
transparence de la liqueur) ; c'est ce qui a lieu en effet
quand on expose pendant quelque temps un verre d'eau
de chaux au contact de l'air : on trouve, au bout de
quelques jours, une pellicule blanche de carbonate de
chaux qui recouvre le liquide.

De même que dans l'expérience de Lavoisier nous avions vu l'*oxygène de l'air se combiner avec le mercure* et former ces petites parcelles rouges (oxyde de mercure), de même ici nous voyons l'*acide carbonique de l'air se combiner avec la chaux* et donner lieu à une pellicule blanche de carbonate de chaux. Enfin, si Lavoisier a pu, en chauffant les parcelles rouges d'*oxyde de mercure*, en extraire de l'oxygène, nous pourrions, en chauffant ce carbonate de chaux, en séparer de l'acide carbonique.

III. — *Des miasmes.*

L'atmosphère peut encore contenir exceptionnellement d'autres substances aériformes qui se développent dans des circonstances particulières : telles sont celles qu'on désigne sous le nom de *miasmes*, sans bien connaître leur nature et les causes qui les produisent. C'est surtout dans les pays marécageux, où des matières animales et végétales entrent en fermentation et en putréfaction, que les effets délétères des miasmes se font remarquer. De simples précautions mécaniques peuvent souvent préserver des effets dangereux de ces effluves; par exemple, un rideau d'arbres, placé entre le foyer d'infection et les habitations, et dans la direction habituelle des vents, suffit, dit-on, pour les arrêter au passage. Mais on peut presque toujours aussi assainir les habitations soumises à ces influences funestes à l'aide d'un agent chimique très-puissant, du *chlore*.

Le *chlore* est un gaz jaune verdâtre, d'une odeur suffocante, qui provoque la toux et le larmoiement quand on le respire en quantité considérable, mais qu'on trouve dans le commerce sous une forme qui permet de l'employer facilement : nous voulons parler du *chlorure de chaux*, corps solide qui dégage du chlore sous l'influence des acides les plus faibles, même de l'acide carbonique de l'air ; le chlore dégagé dans ces circonstances décompose presque toujours les miasmes dont les effets sont à redouter, et peut ainsi servir à assainir les atmosphères infectées.

Ainsi nous venons de voir que l'air atmosphérique, ou l'*océan aérien*, au milieu duquel nous vivons comme le poisson vit au milieu d'un autre élément, se compose de quatre cinquièmes d'azote, d'un cinquième d'oxygène, d'une fraction d'acide carbonique et de vapeur d'eau ; nous savons que l'air est un fluide invisible, inodore, insipide, compressible, élastique, et qu'en masse il est bleu ; nous savons encore qu'il est pesant, car un vase *vide d'air* est moins lourd que ce même vase *plein d'air*.

Étudions maintenant un autre fluide, l'*eau*, aussi nécessaire que l'*air* à l'entretien de la vie des êtres organisés.

CHAPITRE DEUXIÈME.

De l'Eau.

L'eau se présente dans la nature sous les trois états, liquide, gazeux ou solide : *liquide*, elle constitue l'eau proprement dite ; *solide*, elle constitue la neige ou la glace ; *gazeuse*, c'est la vapeur d'eau ou simplement *la vapeur*.

L'eau liquide, ainsi que l'air, est incolore quand elle est prise en petite quantité, mais en masse elle présente une teinte verdâtre (glauque) très-prononcée ; elle est sans saveur, ou du moins la saveur qu'elle acquiert souvent est due à des corps qui lui sont étrangers.

I. — *Composition de l'eau.*

De même que l'air, l'eau était considérée par les anciens comme un élément ou comme un corps qui ne pouvait se décomposer en plusieurs matières différentes ; c'est encore au génie de Lavoisier qu'il était réservé de mettre sa nature complexe en évidence. Il démontra que l'eau était le résultat de la combinaison de deux gaz : l'un que nous connaissons déjà, l'oxygène ; l'autre l'hydrogène (*père de l'eau*). Celui-ci est un gaz incolore, sans odeur ni saveur, qui présente une très-faible densité, autrement dit, qui, sous un volume déterminé, pèse très-peu, *treize fois et demie moins que l'air* ; c'est à cette légèreté excessive qu'il doit d'être employé dans les aérostats ou ballons. L'hydrogène est combustible ; il brûle dans l'air et dans l'oxygène avec une flamme

bleue, et, si la combustion a lieu dans un verre renversé ou sous une cloche, on voit les parois du vase se
tapisser de gouttelettes liquides qui sont de l'eau.

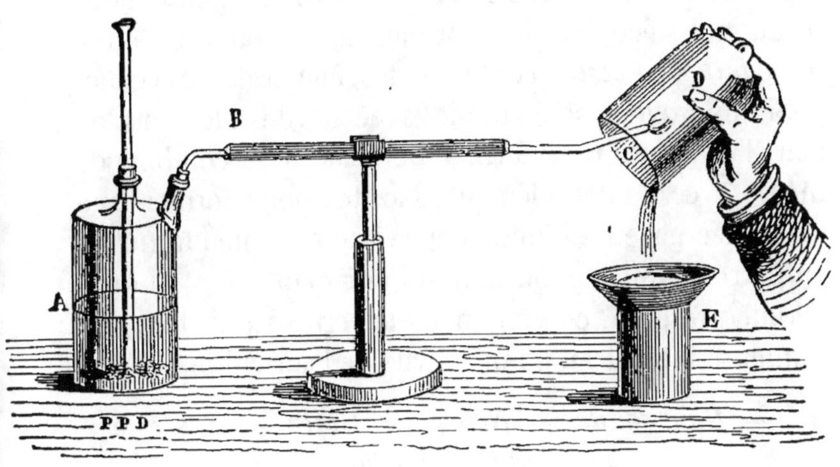

Fig. 7. — Appareil pour démontrer la composition de l'eau.

La figure 7 représente l'appareil qui peut servir à
démontrer cette formation de l'eau par la combustion
de l'hydrogène dans l'air. Dans le flacon A, on obtient
de l'hydrogène en faisant agir de l'*acide sulfurique*
(huile de vitriol) étendu d'eau sur des rognures de fer
ou des grenailles de zinc ; l'hydrogène qui prend naissance au contact de l'acide sulfurique et de la rognure
de fer s'élève, en vertu de sa légèreté, dans le tube B,
où se trouve une substance desséchante qui arrête au
passage toute la vapeur d'eau que le gaz entraîne du
flacon, et l'hydrogène *sec* arrive en C. On le laisse se
dégager pendant un certain temps, avant d'y mettre
le feu. Cette précaution est importante à observer, car,
si de l'air restait encore dans le flacon, son oxygène se
combinerait avec l'hydrogène déjà produit, et donnerait

lieu à une détonation et à la rupture des appareils, dont les fragments projetés avec force pourraient blesser les opérateurs.

Aussitôt que l'hydrogène entre en combustion, on voit l'intérieur de la cloche D se recouvrir de gouttelettes d'eau qui s'écoulent bientôt dans la soucoupe E ; on a donc *fait de l'eau* avec de l'hydrogène et de l'oxygène.

Si l'hydrogène se combine avec un des éléments de l'air, l'oxygène, pour former de l'eau, il se combine de même avec l'autre élément, l'azote, pour former une substance gazeuse d'une odeur forte et piquante (urine en putréfaction), qu'on nomme *gaz ammoniac*, et dont l'étude présente, comme nous le verrons plus loin, un immense intérêt au point de vue de l'agriculture.

II. — *Eau solide.* — *Neige.* — *Glace.* — *Ses effets sur la végétation.*

On sait que l'eau passe facilement de l'état gazeux ou de l'état liquide à l'état solide : dans le premier cas il se forme de la neige ; dans le second, de la glace. Il est facile d'observer cette formation de la neige dans les laboratoires à l'aide d'un mélange réfrigérant : *la vapeur d'eau répandue dans l'atmosphère*, lorsqu'elle arrive au contact des parois de ce vase, se trouve subitement refroidie, et passe immédiatement à l'état solide ; de petits cristaux de neige tapissent bientôt la surface du vase contenant le mélange réfrigérant.

En se congelant, l'eau augmente considérablement de volume, et la force qu'elle développe en ces circonstances, est telle que rien ne peut lui résister. On a fait congeler de l'eau dans des bombes d'une grande épaisseur, qui ont éclaté sous l'effort expansif développé par la formation de la glace. Tout le monde a observé à ses dépens ce phénomène : des pots, des vases pleins d'eau, abandonnés pendant l'hiver dans des lieux froids se sont brisés sous l'effort de la glace. — C'est encore à cette force expansive de la glace qu'on doit attribuer les funestes effets de la gelée sur certaines plantes; l'eau contenue dans les tissus de la plante les écarte en se congelant, l'air pénètre alors dans leur intérieur, fait pourrir et désorganise plus ou moins rapidement le végétal.

Ces effets destructifs, qu'on attribue parfois à la lune, ne sont dus qu'à la congélation de l'eau contenue dans les végétaux. Dans les mois de mars et d'avril, après des nuits sereines, où la lune a brillé de tout son éclat, on voit les jeunes bourgeons détruits, et les jeunes plantes noircies ou *roussies* ne tardent pas à périr; de là l'opinion que cette lune de mars et d'avril, cette *lune rousse*, comme on l'appelle, brûle les plantes.

III. — *Lune rousse.*

L'explication du phénomène est facile. Quand la lune apparaît au ciel, c'est une preuve qu'il est pur et serein; dans ces conditions, la terre, encore peu échauffée par les rayons du soleil, tend cependant à se mettre en équilibre de température avec les corps environnants; elle enverra donc sa chaleur vers les espaces célestes, et comme ceux-ci ne lui en renverront pas, elle se refroidira bientôt, et ce refroidissement pourra être assez considérable pour amener une petite gelée : l'eau contenue dans les plantes gèlera donc, et il en résultera les effets cités plus haut. Si, au contraire, le ciel est couvert, le refroidissement sera beaucoup moindre, car les nuages s'opposeront au rayonnement de la terre vers les espaces célestes, il n'y aura pas de gelée, et les plantes seront préservées; mais, dans ces circonstances, la lune n'a pas paru, et n'a pu, suivant l'idée vulgaire, exercer sa mauvaise influence.

Il est facile de comprendre maintenant l'utilité de ces abris en paille, de ces couvertures que l'on place au-dessus des plantes délicates pour les préserver de la gelée; elles ont pour but d'empêcher le rayonnement nocturne de ces plantes, et par suite leur refroidissement et leur gel.

La température qui existe au-dessous de ce léger abri est souvent notablement différente de celle de l'air ambiant; la différence peut aller jusqu'à 5°. Au Pérou, les Indiens ont très-bien remarqué que la présence des nuages empêche les plantes de geler, et ils font pour ainsi dire des nuages artificiels en brûlant de la paille ou du fumier : la fumée, en troublant la transparence de l'atmosphère, empêche le rayonnement du sol et son refroidissement.

La neige joue, par rapport aux plantes, le même rôle que les nuages ou que les couvertures; des thermomètres placés l'un sur la neige et l'autre au-dessous, en contact avec le sol, indiquent, après des nuits sereines, des différences de température de plusieurs degrés. La neige fait l'office de couverture, elle empêche le rayonnement, et comme, d'une autre part, elle renferme, ainsi que l'eau, des matières ammoniacales, et qu'elle les cède lentement aux plantes à mesure qu'elle se fond, on dit que la neige *engraisse* la terre.

IV. — *Grêle.*

Nous avons dit que lorsque de la vapeur d'eau contenue dans l'air était refroidie subitement, elle pouvait passer immédiatement à l'état solide, et se présentait alors sous forme de neige. Quand c'est de l'eau déjà liquide, de la pluie qui traverse des couches très-froides, elle tombe sur là terre à l'état de petits morceaux de glace, de grésil. Au reste, dans cette sorte de grêle assez commune au printemps, les grêlons n'atteignent jamais de fortes dimensions, et leurs effets ne sont pas très à redouter. Il est, au contraire, une grêle dont la formation est encore inexpliquée, et qui tombe ordinairement avant ou pendant les orages, par conséquent presque toujours en été, au moment où les terres couvertes de moissons ont le plus à redouter ses effets destructifs. Les grêlons produits ainsi, très-probablement sous l'influence de l'électricité, atteignent quelquefois des dimensions considérables.

Pendant un orage qui fondit sur Paris le 9 juillet 1769, il tomba des grêlons pyramidaux qui avaient $0^m,01$ de longueur sur $0^m,007$ de largeur.

En 1787, on ramassa, pendant un orage qui fondit sur la ville de Rome, en Italie, des grêlons gros comme des œufs de poule.

La chute de grêle la plus affreuse qui soit connue jusqu'à présent est celle qui, dans la journée du 13 juillet 1788, commença dans le sud-ouest de la France, traversa tout le royaume, et s'étendit jusqu'en Belgique et en Hollande; la grêle ne tomba, dans chaque lieu, que pendant 7 ou 8 minutes. Tous les terrains grêlés se trouvaient situés sur deux bandes parallèles : l'une de ces bandes avait 125 lieues de longueur sur 4 lieues de largeur ; l'autre, 175 lieues de long sur 2 lieues de large. L'intervalle compris entre ces deux bandes ne fut pas grêlé. L'orage commença, d'un côté, en Touraine et à Orléans, et s'étendit, de l'autre, jusqu'à Flessingue et jusqu'à Utrecht. Les plus gros grêlons pesaient une demi-livre.

Les dégâts occasionnés en France dans les 1039 paroisses que la grêle du 13 juillet frappa, se montèrent, d'après une enquête officielle, à 24 962 000 fr.

On a cherché en vain des remèdes à ce terrible fléau ; on s'engoua en France, il y a une trentaine d'années, de paragrêles formés simplement de grandes perches entourées de paille, qu'on plantait dans les champs : les uns les surmontaient de pointe sen métal et de conducteurs en fer descendant jusqu'au sol ; les autres se contentaient d'une simple perche. L'expérience a démontré que ce paragrêle n'avait aucune influence, ce qui était au reste facile à prévoir, puisque les paratonnerres, les clochers qui hérissent la surface des villes, les arbres élevés qu'on trouve partout, n'empêchent nullement la grêle de tomber.

V. — *Eau à l'état liquide.* — *Matières qu'elle tient en dissolution.*

Lorsqu'elle est liquide, l'eau ne se rencontre jamais dans la nature à l'état de pureté : qu'elle surgisse d'une source, qu'on la trouve dans un puits, qu'elle ait été prise à une rivière ou dans la mer, elle contient toujours une proportion plus ou moins considérable de substances minérales dont les effets peuvent être utiles ou nuisibles aux végétaux.

En général, les eaux de puits sont plus riches en sels que les eaux de source et de rivière ; c'est ainsi que, dans une analyse que j'ai eu occasion de faire au Muséum d'histoire naturelle, j'ai trouvé qu'un litre de l'eau d'un puits situé rue de Buffon laissait 3^s,2 de résidu salin, tandis que l'eau du canal Saint-Martin, prise à une fontaine également située au Muséum, ne donnait que 0ᵍ,53 de résidu pour un litre. — Au reste, le résidu trouvé dans le puits est très-considérable, et cette eau agit sur les plantes d'une façon toute spéciale ; elle convient parfaitement à certaines espèces, tandis qu'elle en fait dépérir et même finit par en tuer certaines autres. Je dois ajouter que l'eau du puits de la rue de Buffon contenait 0ᵍ,8 de chaux, et un peu plus d'acide sulfurique, 0ᵍ,9. Cette eau renfermait, de plus, 0ᵍ,08 de sel marin, de légères traces de matière organique, et de la potasse à l'état de sulfate.

Les proportions de résidus salins varient énormément, suivant que l'eau a été puisée dans tel ou tel cours d'eau, dans telle ou telle source, et aussi suivant l'époque à laquelle a été recueilli l'échantillon. M. Bouchardat a trouvé que la Seine laissait 0ᵍ,18 de résidu solide dans un litre ; celle du canal de l'Ourcq en laissait 0ᵍ,47, contenant 0ᵍ,16 de chaux. Dans une analyse que j'ai faite d'une eau puisée également à ce canal, j'ai trouvé, dix ans après M. Bouchardat, 0ᵍ,53 de résidu contenant 0ᵍ,16 de chaux. Ce résultat est probablement fortuit, mais il est cependant curieux. Quoi qu'il en soit, la différence entre le résidu laissé par un litre d'eau de Seine est le $\frac{1}{2}$ de celui que donne un litre d'eau du canal de l'Ourcq. L'eau d'Arcueil laisse aussi 0ᵍ,46 de résidu presque exclusivement composé de sels calcaires ; une source du Jardin des plantes de Lyon laisse 0ᵍ,9 de résidu par litre ; cette proportion est considérable. On a trouvé une différence de 0ᵍ,08 par litre dans l'eau du Rhône prise à six mois d'intervalle : 0ᵍ,10 au mois de juillet, 0ᵍ,18 au mois de février.

Ces quelques chiffres montrent combien les proportions de matières salines sont variables, quoique la nature des sels soit en revanche à peu près la même : toutes les eaux que nous venons de citer renferment en effet du carbonate de chaux, et presque toutes du sulfate de chaux, quelques-unes de la magnésie ; le sel marin s'y rencontre également, mais en bien plus faibles proportions. A Paris, les sels de chaux sont très-abondants ; les eaux d'Arcueil, entre autres, renferment une quantité notable de carbonate de chaux dissous à l'aide d'un excès d'acide carbonique. Lorsque cet acide carbonique se dégage pour une raison quelconque, le carbonate de chaux se précipite, et les dépôts formés ainsi sont quelquefois assez considérables pour former une croûte à la surface de la terre ou pour obstruer les tuyaux de conduite.

Outre les sels calcaires et alcalins, les eaux renferment souvent de petites quantités de sels ammoniacaux. M. Boussingault, dans un travail récent, est parvenu à évaluer avec la plus grande exactitude la quantité de ces sels, dont on s'était contenté jusqu'à présent de constater la présence. Ainsi il a trouvé qu'un litre d'eau de Seine renfermait $0^{milligr.},12$ d'ammoniaque, prise au pont d'Austerlitz, et $0^{milligr.},16$ au pont de la Concorde. L'eau de la Bièvre est une exception ; elle renferme $2^{milligr.},61$ d'ammoniaque par litre ; mais il faut se rappeler que les nombreuses tanneries établies sur ses bords la rendent plus semblable à un égout qu'à une rivière. Le Rhin renferme $0^{milligr.},49$ d'ammoniaque par litre ; une seconde et une troisième détermination, faites sur des échantillons pris à un mois de distance, ont donné $0^{milligr.},43$ et $0^{milligr.},17$. On voit que la différence est considérable.

Les eaux de source et de puits sont en général plus riches en ammoniaque ; mais, pour ces dernières, il arrive souvent que des infiltrations des fosses d'aisance augmentent considérablement la proportion ; c'est ainsi qu'on a trouvé dans un puits de Paris $34^{milligr.},35$, dans un autre, $33^{milligr.},86$; dans un troisième, $1^{milligr.},32$ seulement ; enfin, pour d'autres maisons situées également à Paris, la proportion descend jusqu'à $0^{milligr.},10$ et $0^{milligr.},02$ d'ammoniaque par litre. Cependant certaines eaux de source sont souvent très-pauvres en ammoniaque ; dans quelques-unes, il a même été impossible d'en découvrir les plus petites traces.

Il est des sources qui renferment encore d'autres corps en dissolution : telles sont les eaux de Vichy, riches en carbonate de soude ; les eaux de Spa en Belgique, qui contiennent des sels de fer ; les eaux d'Enghien près Paris, recherchées à cause des sulfures qu'elles tiennent en dissolution.

Comme tout le monde le sait, l'eau de la mer doit sa saveur bien connue au chlorure de sodium ou sel marin, qu'elle contient en quantité considérable (plus de 2 gr. par litre ; on y rencontre également d'autres sels en plus faible proportion : chlorure de magnésium, de potassium , etc.). Ainsi que nous le verrons plus loin, l'eau de mer ne peut convenir qu'à un très-petit nombre de plantes, aux plantes maritimes ; toutes nos plantes terrestres mourraient bientôt si on les arrosait avec une eau aussi riche en principes alcalins.

VI. — *Eau à l'état de gaz.* — *Vapeur.*

Nous avons déjà indiqué, dans notre chapitre précédent, comment on pouvait, à l'aide d'une bouteille froide, démontrer la présence de la vapeur d'eau dans l'air.

La quantité de vapeur qui est ainsi suspendue dans l'air à l'état invisible n'est pas constante ; elle varie avec la température.

On a trouvé ainsi que

à   0° un mètre cube d'air renferme   10 gramm. d'eau.
à   30°   —   —   33   —

à   60°   —   —   157   —
à 100°, température de l'eau bouillante,   805   —

Ainsi l'air peut contenir d'autant plus d'humidité qu'il est plus chaud, et pour une température donnée il ne peut en contenir qu'une certaine quantité maximum; on dit, dans ce cas, que l'air est *saturé d'humidité.*

L'air à 0° contenant 10 grammes d'eau sera saturé, tandis qu'à 30°, s'il ne contenait que 20 grammes, il ne serait pas saturé, bien qu'il y eût dans ce cas le double d'humidité dans l'air. Il pourra même sembler comparativement sec, et agir d'une façon défavorable sur certaines plantes (Orchidées, Fougères) qui ont besoin à la fois d'un air chaud et humide. — Pour obvier dans les serres à cette sécheresse relative, on est dans l'usage de bassiner les plantes, de verser de l'eau sur le sol pour que l'air puisse trouver la quantité d'eau nécessaire à sa saturation. On appelle état hygrométrique d'un lieu le rapport qui existe entre la quantité d'humidité contenue dans l'air et la quantité d'humidité maximum qu'il pourrait contenir. On a construit, pour observer cet état hygrométrique, un appareil nommé *hygromètre.* Cet instrument ne donne pas la quantité absolue de vapeur d'eau que contient un milieu, mais seulement le rapport dont nous venons de parler; ses indications sont indépendantes de la température.

Plusieurs corps, tels que les cheveux, les plaques de fanons de baleine coupées perpendiculairement aux fibres, s'allongent par l'humidité, se raccourcissent par la sécheresse; leurs variations de longueur assez sensibles, même pour les plus légères différences d'humidité, permettent de les employer à la construction des hygromètres.

L'hygromètre à cheveu (fig. 8), dont on doit l'inven-

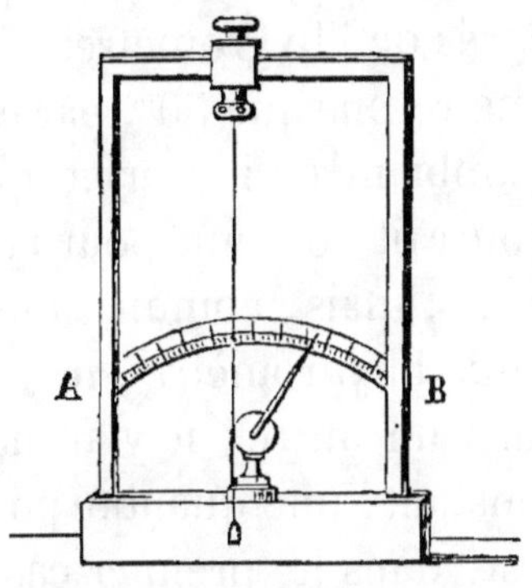

Fig. 8. — Hygromètre de Saussure.

tion à de Saussure, consiste en un cadre de laiton muni
d'une pince à sa partie supérieure. Un cheveu, fixé à
cette pince par l'une de ses extrémités, s'enroule par
son autre extrémité dans la gorge d'une poulie dont l'axe
porte une aiguille. Un fil de soie s'enroule aussi dans la
gorge de la poulie, et est terminé par un petit poids destiné à tendre le cheveu. L'extrémité de l'aiguille se meut
sur un cadran divisé en degrés.

Pour graduer l'hygromètre à cheveu, on part de
deux points fixes, qui sont toujours les mêmes dans les
mêmes circonstances : le premier est le point d'humidité
extrême ; le second est celui de la sécheresse extrême.
On obtient le point d'humidité extrême en plaçant l'hygromètre sous un récipient dont les parois sont humec-
tées d'eau : l'air est bientôt saturé d'humidité, le cheveu
s'allonge, l'aiguille se dirige vers le point A ; quand elle
est restée stationnaire pendant quelque temps, on marque 100 au point où elle s'est arrêtée. On transporte
ensuite l'appareil dans un autre récipient dont l'air est
parfaitement desséché, à l'aide de substances avides
d'humidité : l'aiguille se dirige en sens contraire, et elle

se fixe bientôt en un certain point auquel on marque 0. On divise l'intervalle compris en 100 parties égales, qu'on nomme degrés de l'hygromètre.

Quand l'hygromètre marque 50°, par exemple, on en conclut que l'air ambiant ne renferme que la moitié de l'humidité qu'il pourrait contenir pour la température à laquelle on se trouve ; mais, comme nous l'avons dit, il se peut très-bien que l'hygromètre, marquant 50° dans un cas, et 30° dans un autre, il y ait néanmoins dans l'air, au premier instant, une quantité pondérable d'humidité moindre, si, dans le premier cas, la température est basse, tandis qu'elle est élevée dans le second.

Nous devons ajouter que cet instrument si commode n'est pas très-exact, et qu'il est rare que deux hygromètres indiquent le même degré dans le même milieu.

VII. — *Des nuages.*

D'après ce que nous venons de voir, l'air contient toujours une certaine quantité de vapeur d'eau, quantité qui croît avec la température. L'air qui se trouve en contact avec la surface du globe s'échauffe par ce contact beaucoup plus que par les rayons du soleil, qui le traversent sans lui céder une quantité notable de chaleur ; la preuve en est dans le froid qu'on observe toujours sur les hautes montagnes. Cet air, en contact avec la surface de la terre, va donc s'échauffer et se charger de vapeur d'eau ; mais, à mesure que sa température s'élève, sa densité diminue ; il en résulte donc qu'il cédera sa place à de l'air plus froid et plus dense, et qu'il s'élèvera pour se refroidir bientôt au contact des couches froides avec lesquelles il se trouvera en rapport. Enfin, ne pouvant plus retenir la quantité de vapeur dont il s'était chargé, cette vapeur passera à un état intermédiaire entre l'état gazeux et l'état liquide, et son assemblage formera les nuages.

Mais les nuages sont encore produits par la vapeur vésiculaire qui s'élève des mers et des cours d'eau, et qui est entraînée dans les régions supérieures de l'atmosphère par les courants d'air.

On admet généralement que la vapeur qui constitue les nuages est formée de petites sphères creuses ou sortes de vessies remplies elles-mêmes d'air, dont l'enveloppe extérieure est liquide ; c'est là ce qu'on appelle l'état vésiculaire. Il est plus facile d'expliquer comment les nuages flottent suspendus dans l'atmosphère : les rayons du soleil échauffent facilement les liquides formant l'enveloppe des petites sphères ; ceux-ci transmettant leur chaleur à l'air qu'ils contiennent, cet air dilaté pourra être moins pesant avec son enveloppe liquide que l'air ambiant, plus froid et par conséquent plus dense.

VIII. — *Pluies.*

Nous devons maintenant passer à l'étude d'un des phénomènes météorologiques les plus intéressants pour le cultivateur, à la pluie. Lorsqu'une certaine couche d'air saturée d'humidité se trouve en contact avec une couche d'air plus froide, elle ne peut plus retenir à l'état gazeux toute la vapeur d'eau qu'elle contenait d'abord ; cette vapeur se précipite et tombe sous forme de pluie. Il faut ajouter cependant qu'on ne sait pas encore bien comment se fait la transformation de l'eau vésiculaire des nuages en eau liquide ou pluie. Mais, quoi qu'il en soit, il est très-intéressant pour le cultivateur de savoir quelle est la quantité de pluie qui tombe moyennement en un lieu ; ensuite, si cette eau de pluie est plus ou moins pure, et si elle peut apporter de bons ou de mauvais principes aux plantes.

Occupons-nous d'abord de la première question.

La quantité d'eau qui tombe annuellement à la surface de la terre est très-variable, suivant les lieux ; on a remarqué qu'elle était plus considérable dans l'Europe occidentale que dans l'Europe orientale.

Elle n'est pas moins inégalement distribuée, suivant les différentes saisons.

En représentant par 100 la quantité de pluie tombée en un an, dans un endroit déterminé, on trouve, pour l'Europe centrale seulement, la répartition suivante :

	Angleterre occidentale.	France occidentale.	France orientale.	Allemagne.	Saint-Pétersbourg.
Hiver	26	23	20	18	14
Printemps	20	18	23	22	18
Été	23	25	29	37	37
Automne	31	34	28	23	30

Des observations faites sur la quantité d'eau tombée dans les grandes villes ont permis de calculer à quelle hauteur s'élèverait cette eau au bout d'un an sur leur surface, en admettant que cette eau ne se fût ni écoulée ni évaporée.

On a trouvé qu'à Paris la quantité moyenne de pluie formerait une couche de $0^m,57$.

A Lyon, elle s'élève à près d'un mètre.

A Milan, elle dépasse cette quantité.

A Cambrai, elle atteint $0^m,64$.

Et à Rouen, 91 centimètres.

Au reste, il faut remarquer qu'au point de vue agricole, il est très-important de constater en combien de jours et à quelle saison cette pluie est tombée. Les pluies torrentielles n'ont pas le même effet que des pluies plus faibles, plus souvent répétées ou continues.

En discutant un grand nombre d'observations, les météorologistes en ont tiré la conséquence que la quantité annuelle de pluie varie avec la latitude, qu'elle augmente à mesure que l'on approche de l'équateur. Cependant la règle n'est pas générale, et, à égalité de latitude, les différentes contrées sont loin d'être également humides.

On croit avoir remarqué en Europe qu'il tombe plus d'eau le jour que la nuit. D'après M. Boussingault, il en serait autrement dans les régions équinoxiales, et cette observation doit guider le jardinier dans les bassinages qu'il aura à faire dans les serres chaudes.

IX. — *Analyse de l'eau de pluie.*

On a admis pendant longtemps que l'eau de pluie était presque pure; mais des recherches récentes ont prouvé qu'il n'en est pas ainsi, et que ces eaux laissent, à l'évaporation, des résidus sensibles. Ainsi, on a trouvé qu'à Manchester 10000 kilog. d'eau de pluie contenaient environ 1 kil. de sel marin; d'une autre part, de l'eau de pluie tombée à Caen, a donné $0^g,0246$ de résidu pour 1 litre; ce résidu était surtout composé de chlorures alcalins et terreux, et en moindre proportion de sulfates unis aux mêmes bases; cette eau de pluie contenait, en outre, des sels ammoniacaux.

D'habiles chimistes ont fait récemment des recherches spéciales de l'ammoniaque contenue dans l'eau de pluie; cette quantité varie suivant les lieux d'une façon notable.

Pour quelques-unes de ces expériences, les dosages étaient faits simultanément en Alsace, par M. Boussingault, et à Paris, par M. Houzeau au Conservatoire des arts et métiers; il arriva souvent que les eaux furent recueillies les mêmes jours, dans ces deux stations différentes ; la quantité d'ammoniaque trouvée à Paris a toujours été plus considérable.

Ainsi, le 27 mai, on a trouvé, au Liebfrauenberg, $0^{millig.}$,31 d'ammoniaque dans 1 litre d'eau de pluie, à Paris, $1^{millig.}$,70 ; le 25 juillet, en Alsace, on trouvait 0,45, à Paris, 1,82. — « Il n'y aurait au reste rien de surpre- « nant, dit M. Boussingault, à ce que la pluie, après « avoir lavé l'atmosphère d'une grande cité, contînt plus « d'ammoniaque. Paris, sous le rapport des émana- « tions, peut être comparé à un tas de fumier d'une « étendue considérable. »

D'après ce que nous avons dit sur la constitution des nuages, il est facile de comprendre comment l'eau de pluie renferme de si notables proportions de matières salines. Les nuages sont, en effet, formés de petites vé- sicules analogues aux bulles de savon que font les en- fants, et, de même que la bulle de savon renferme dans son enveloppe liquide une petite quantité de sa- von dissoute, de même les nuages venant de l'eau éva- porée de la mer, par exemple, renfermeront une très- faible quantité des sels que cette eau de mer tient en dissolution ; il en sera de même encore pour les nuages provenant de l'évaporation de l'eau des marais, des ri- vières et des lacs ; mais les sels dissous seront différents. — Le calcul et les analyses démontrent qu'en France, où il tombe annuellement une couche de pluie s'élevant à 60 centimètres, 1 hectare en recevra 6000 mètres cubes ou 6 000 000 de kilog., contenant plus de 147 kilogr. de matières salines.

X. — *Rosée.*

Nous avons rappelé, dans notre premier chapitre, com- ment la vapeur d'eau contenue dans l'air se condense au contact d'un corps refroidi ; le *dépôt* de rosée qu'on observe dans la campagne est une reproduction exacte de cette expérience. En effet, l'air s'échauffe considérablement pendant les jours de l'été, et se charge d'une notable quantité de vapeur d'eau ; survient une nuit sereine, la terre, pour se mettre alors en équilibre de température avec les espaces célestes, va rayonner sa chaleur et se refroidira plus ou moins. Au contact des plantes, des branches supérieures des arbres ainsi refroidies, l'air se refroidira lui-même et abandonnera à l'état liquide la vapeur d'eau qu'il ne peut plus retenir. De là, ce dépôt de rosée d'autant plus abondant que les journées sont plus chaudes et les nuits plus sereines. Dans les régions très-chaudes, il est rare de bivouaquer dans une clairière, lorsque la nuit est favorable au rayonnement nocturne, sans entendre l'eau dégoutter continuellement des arbres environnants. La rosée ne *tombe* donc pas, comme on le dit vulgairement ; elle se dépose au contact des corps refroidis. Ainsi on pourra la prévenir comme la gelée blanche, en plaçant au-dessus des plantes de légers abris tels que des toiles, des canevas, etc., qui empêcheront le rayonnement, et par suite le refroidissement.

CHAPITRE TROISIÈME.

De la constitution chimique des végétaux.

I. — *Principes généraux. — Analyse élémentaire,
analyse immédiate.*

La diversité d'aspect que présente la nature végétale,
le peu de ressemblance qui existe entre une herbe
délicate et un chêne séculaire, sembleraient faire
croire que la composition de ces êtres est aussi différente que leur forme; il n'en est cependant pas ainsi,
et c'est avec quatre éléments, avec quatre corps simples, que la nature produit les formes et les effets les
plus variés. En soumettant un végétal quelconque aux
analyses les plus rigoureuses, on le trouve toujours
composé des mêmes éléments : oxygène, hydrogène,
carbone et azote.

Si, pour nous en assurer, nous faisons germer une
graine dans un sol absolument stérile, tel que du sable
calciné, qui ne pourra rien lui céder, et si nous l'arrosons
avec de l'eau parfaitement pure, nous verrons cette jeune
plante grandir, produire des organes nouveaux, des
racines, des tiges et des feuilles uniquement constitués à
l'aide des éléments de l'air et de l'eau, c'est-à-dire du
carbone, de l'oxygène, de l'hydrogène et de l'azote.

En brûlant incomplétement des plantes herbacées ou
ligneuses, on les transforme toute en *charbon* ou carbone.

Pendant cette combustion, il se dégage des vapeurs et
des fumées qui, recueillies dans des vases convenables,

se condensent en partie sous forme d'eau; on peut répéter cette expérience bien facilement en enflammant une plante sèche et la plaçant sous un verre renversé, celui-ci sera bientôt couvert d'une vapeur d'eau qui se condensera sous forme de petites gouttelettes, comme nous l'avons dit page 28.

Voici donc déjà trois principes dont il est facile de reconnaître l'existence dans tous les végétaux, charbon, oxygène et hydrogène formant l'eau.

Mais les plantes renferment aussi de l'azote, et, pour en reconnaître la présence, il faut se rappeler que ce corps jouit de la propriété de se combiner avec l'hydrogène, pour former de l'ammoniaque, quand on chauffe ces matières azotées avec de la potasse. Il faudra donc mélanger la substance organique avec un alcali fixe, puis faire tomber le tout dans un tube de verre fermé par un bout (fig. 9) et chauffer doucement

Fig. 9. — Essai d'une substance azotée.

à la lampe à alcool; l'odeur piquante caractéristique de l'ammoniaque se fera bientôt sentir, si la substance essayée contient de l'azote. Si l'odeur était peu sensible

3.

et que l'on conservât quelques doutes, il faudrait approcher de l'orifice du tube un papier imbibé d'une teinture de tournesol préalablement rougie par l'action des acides ; sous l'influence de l'ammoniaque, ce papier changera de couleur, et prendra la teinte bleue qui dénote la présence d'un alcali.

Outre ces quatre principes qui constituent la *partie* qui est de beaucoup la plus importante de la plante, celle-ci renferme encore une *partie* minérale fixe, qui reste après la combustion, lorsque le charbon, l'eau et l'azote se sont dégagés à l'état de gaz ; ce résidu non volatil forme les cendres.

Pendant longtemps on avait cru que la présence de ces sels dans la plante était accidentelle ; mais des analyses plus complètes ont montré qu'au contraire tous les végétaux laissaient, après la calcination, des cendres en proportions plus ou moins considérables. Les travaux importants qu'on a faits sur ce sujet ne permettent plus de douter que les cendres, ces matières minérales, *font* partie intégrante des végétaux, et contribuent puissamment à leur développement.

Bien que l'étude des cendres présente un grand intérêt, comme elles n'entrent dans le végétal que pour une très-faible partie de son poids, il convient de voir d'abord comment, avec les quatre corps simples dont nous avons parlé, la nature a pu former toutes les matières que nous présentent les végétaux.

On distingue en chimie deux ordres d'analyse qui permettent de connaître complétement la composition des corps organisés : l'une, *l'analyse élémentaire*, qui a pour but de décomposer les corps en leurs éléments, de séparer les substances simples qui, par leur association, constituent un corps composé. Nous avons donné un exemple d'une analyse élémentaire grossière en montrant qu'on pouvait reconnaître, dans les végétaux, le charbon, l'oxygène, l'hydrogène et l'azote. Mais cette première opération ne nous fournit que des indications très-superficielles, car une feuille de tabac ou un grain de blé présentent les mêmes éléments à l'analyse, et cependant de l'une on peut tirer un des poisons les plus violents que l'on connaisse, la nicotine, tandis que de l'autre on extrait du gluten, de l'amidon, bases de la nourriture animale. Aussi la chimie a-t-elle dû chercher à aller plus loin, et à séparer, dans les végétaux, les corps composés présentant des propriétés différentes : c'est là ce qu'on appelle l'*analyse immédiate*.

L'industrie avait déjà depuis longtemps trouvé des moyens pratiques pour opérer ces séparations ; bien avant que la chimie fût ce qu'elle est aujourd'hui, on savait retirer l'huile des olives, le sucre des cannes, etc. ; mais les progrès de la science ont permis d'aller plus loin ; elle est venue au secours de l'industrie, soit en donnant des moyens d'extraire plus complétement les principes utiles, soit en préparant à l'état de pureté les substances qu'on employait autrefois avec toute la partie végétale qui les contenait.

Les substances qu'on rencontre dans les végétaux, et qui peuvent être isolées de manière à constituer des espèces chimiques parfaitement définies, portent le nom de *principes immédiats*. Tels sont l'amidon, le sucre, la gomme, les acides organiques (citrique, tartrique, oxalique, etc.), les alcalis organiques (quinine, morphine, strychnine, nicotine, etc.), l'indigotine, etc.

II. — *Principes immédiats ternaires, c'est-à-dire formés d'oxygène, d'hydrogène et de carbone.*

1. *Cellulose et ligneux.* — Quand on regarde au microscope une tranche très-fine d'un végétal, une tranche de moelle de sureau, par exemple, on y remarque toujours une sorte de *tissu* composé de petites utricules de formes plus ou moins variables; la substance qui constitue ces utricules, ces cellules, a reçu le nom de *cellulose*; elle résiste très-bien aux réactifs affaiblis qui dissolvent au contraire les autres substances renfermées dans le tissu végétal. Comme son nom l'indique, cette *cellulose* constitue le squelette du végétal; elle forme les parois des utricules ou des réservoirs qui renferment tous les autres principes.

La cellulose est complétement insoluble dans l'eau; on lui retrouve une composition identique, non-seulement dans les différentes parties d'un même végétal, mais même dans tous les végétaux; elle se trouve presque à l'état de pureté dans le coton, la moelle de sureau, le papier de riz.

En étudiant au microscope le tissu des végétaux ligneux, on voit qu'il est plus ou moins imprégné d'une matière dure et de composition ternaire, comme la cellulose: c'est cette substance qui porte le nom de *ligneux*, et qui, venant peu à peu encroûter ou même remplir les utricules et les vaisseaux des arbres, leur donne leur solidité et leur dureté. Les vaisseaux qui conduisent la séve des racines au sommet de l'arbre finissent à la longue par être obstrués complétement par cette substance. Cette solidification complète ne s'effectue qu'après un temps assez long; aussi ne la remarque-t-on que dans le cœur du bois, auquel le ligneux communique cette dureté qui le fait apprécier pour les travaux de charpente et de menuiserie ; la vie végétale ne se continue plus alors que par la partie extérieure du tronc, par l'*aubier*, par les couches encore jeunes dont les vaisseaux non encore imprégnés sont librement traversés par les liquides nourriciers. D'après cela on peut comprendre facilement comment les arbres continuent à vivre quand leur intérieur a été détruit par une cause quelconque. C'est encore le ligneux qui, se déposant dans l'intérieur des fruits, y forme les noyaux, et qui, s'accumulant autour du centre de certaines poires, constitue les corps durs vulgairement connus sous le nom de *pierres* (Crassane, St-Germain).

Des analyses exactes ont permis de constater que le ligneux était plus riche en carbone que la cellulose.

2. *Amidon.* — Presque tous les végétaux herbacés renferment dans leurs utricules une matière blanche qui apparaît au microscope sous forme de petits grains ovoïdes ou polyédriques, suivant la pression plus ou moins grande à laquelle ils ont été soumis dans chacune des utricules. Cette matière porte le nom d'*amidon* ou de *fécule*, suivant qu'elle a été extraite des céréales ou des pommes de terre. L'amidon, tout à fait insoluble dans l'eau froide, augmente considérablement de volume dans l'eau bouillante, et forme alors une sorte de gelée transparente qui porte le nom d'*empois*. Le caractère distinctif de l'amidon est de donner avec l'iode (substance simple qui se trouve en combinaison dans les eaux de la mer) une coloration bleue extrêmement intense.

Sous l'influence des acides et sous celle d'une faible chaleur, l'amidon peut se transformer en une nouvelle substance présentant exactement une composition semblable à la sienne, mais qui en diffère par sa solubilité dans l'eau ; cette substance porte le nom de *dextrine*. La transformation de l'amidon en dextrine, que les chimistes font dans leur laboratoire au moyen des acides, a lieu dans la nature sous l'influence d'une matière particulière, la *diastase*, qui se rencontre toujours dans les graines germées, dans les pommes de terre au moment où se développe la jeune tige. Sous l'influence de la diastase, l'amidon se transforme donc en dextrine, devient soluble, et sert de nourriture à la jeune plante. Cette transformation est quelquefois complète ; on remarque alors que le tissu de la pomme de terre se vide entièrement, et que toute sa fécule a disparu (pommes de terre mères).

3. *Sucre. Alcool.* — Le sucre est extrait des cannes et des betteraves.

Sous l'influence des acides, l'amidon, que nous avons déjà vu se transformer en dextrine, peut éprouver une modification plus complète et donner du sucre ; ce sucre, que l'on trouve également dans les raisins, dans les fruits, porte le nom de *glucose* ; il est moins sucré que le sucre des cannes et des betteraves, et cristallise plus difficilement. Ces différences de propriétés tiennent à une petite quantité d'eau en plus ; malheureusement on n'a pu jusqu'à présent enlever au glucose ce léger excès d'eau ; on n'a pu le transformer en sucre de cannes, malheureusement, disons-nous, car les nombreux usages de ce dernier en ont fait une des substances les plus employées dans la vie domestique.

Sous l'influence de certaines matières azotées nommées *ferments*, qui se trouvent dans presque tous les fruits, la glucose peut éprouver une modification importante ; elle se décompose, dégage de l'acide carbonique, et produit de l'alcool ou esprit-de-vin. Mais les raisins ne sont pas seuls susceptibles de donner de l'alcool, tous les végétaux qui renferment du sucre ou des matières susceptibles d'en donner pourront en fournir ; les betteraves, les cannes, les pommes de terre, les grains des céréales, les pommes, donnent en fermentant des quantités d'esprit-de-vin plus ou moins considérables.

L'alcool forme le principe actif de presque toutes les boissons employées dans l'économie domestique; les eaux-de-vie en contiennent en moyenne de 40 à 50 %, les vins d'Espagne et du midi de la France 15 %, les vins de Bourgogne 10 %, les bières et les cidres, de 2 à 6 %.

L'esprit-de-vin, étant beaucoup plus volatil que l'eau, peut toujours en être facilement séparé; pour l'extraire du vin ou des matières fermentées qui l'ont produit, il suffit de placer le liquide dans un vase chauffé qui communique avec un autre vase refroidi : l'alcool se volatilise, et vient se condenser dans ce dernier.

4. *Principes gélatineux des fruits.*—On sait que tous les *fruits verts* renferment une substance dure, insoluble dans l'eau, qui porte le nom de *pectose.* Cette matière se transforme, sous l'influence des acides, en un nouveau corps très-soluble au contraire dans l'eau, qui est la *pectine;* c'est là le phénomène qui se passe dans la maturation des fruits ; les prunes, les pommes, les cerises vertes, sont plus ou moins dures, et, tant que la pectose n'a pas été transformée, ils conservent cette dureté. A côté de la pectose, les fruits verts renferment en outre des acides différents suivant les espèces, mais qui ont tous pour effet de transformer la pectose en pectine, c'est-à-dire de rendre tendres et mangeables des fruits qui ne l'eussent pas été sans ce phénomène.

La transformation que nous observons dans ce cas est analogue à celle dont nous venons de parler au sujet de l'amidon. L'amidon, insoluble dans l'eau, se transforme, à l'aide des acides, en dextrine soluble ; la pectose insoluble produit également de la pectine soluble sous l'influence des acides.

5. *Acides végétaux.* — On rencontre dans un grand nombre de végétaux et notamment dans les fruits, comme nous venons de le voir, des acides nombreux, tantôt à l'état libre, et tantôt combinés avec la potasse ou la chaux. Les pommes, les fruits du sorbier des oiseaux, renferment de l'acide malique ; l'acide tartrique se rencontre toujours dans le raisin ; on sait que les tonneaux de vin sont souvent recouverts intérieurement d'une croûte cristalline constituée par l'acide tartrique combiné à la potasse et à la chaux. On trouve l'acide oxalique dans l'oseille, l'acide citrique dans les citrons, les oranges, les limons, les begonias, etc. L'acide tannique, qui se rencontre dans l'écorce de certains arbres, le chêne particulièrement, jouit de la propriété de former avec la gélatine contenue dans les peaux une combinaison imputrescible. C'est là ce qui fait employer cette substance dans l'industrie du tannage, qui a pour but la conservation des cuirs.

6. *Matières grasses.* — Les matières grasses qu'on tire du règne végétal peuvent s'y rencontrer à l'état liquide ou solide ; elles sont infiniment plus riches en carbone que les substances dont nous nous sommes occupés jusqu'à présent, et, sous l'influence d'une faible élévation de température, elles dégagent des gaz combustibles et éclairants ; de là l'usage de ces huiles dans l'éclairage. Les graines de colza, de lin ; les fruits de l'olivier, etc., donnent des huiles qui, suivant le goût et l'odeur qu'elles présentent, servent comme aliment ou comme matières éclairantes.

C'est ordinairement par la pression qu'on extrait

les huiles des parties végétales qui les contiennent.

Au point de vue physiologique, les matières grasses accumulées dans les graines semblent avoir pour effet de développer de la chaleur en brûlant lentement à l'air, chaleur utile et profitable à la germination. Ils ont démontré, par des analyses exactes, que des graines de colza perdaient une quantité d'huile notable pendant la germination.

Les matières grasses solides sont formées de deux principes immédiats, la *stéarine* et la *margarine*; l'*oléine* constitue la presque totalité des huiles ou matières grasses liquides. Ces différents principes sont des combinaisons de trois acides différents: les acides *stéarique, margarique et oléique* avec une substance sucrée soluble dans l'eau, la *glycérine*.

Les matières grasses sont facilement décomposables par les alcalis et les acides fournis par la chimie minérale. Si on fait bouillir de l'huile ou de la graisse avec de la potasse ou de la soude, on obtient cette combinaison soluble dont les usages sont si répandus sous le nom de *savon*.

La *stéarine*, traitée par l'acide sulfurique, donne un composé important pour l'industrie, l'*acide stéarique*, employé aujourd'hui à la confection des bougies.

Les matières grasses, tout à fait insolubles dans l'eau, sont au contraire très-solubles dans l'alcool, et surtout dans l'éther. Aussi fait-on toujours usage de ce dissolvant quand on veut apprécier rapidement la richesse d'une graine en matières grasses.

7. *Huiles volatiles ou essentielles.* — Ces substances, riches en carbone comme les huiles fixes, ne se décomposent pas comme celles-ci sous l'influence de la chaleur; l'odeur agréable qu'elles présentent souvent les

fait rechercher dans le commerce de la parfumerie. Diverses familles de plantes comme celles des *Labiées*, des *Hespéridées*, etc., sont riches en huiles essentielles (lavande, thym, menthe, oranger, citronnier, etc.)

8. *Matières colorantes*. — Les matières colorantes qu'on retire des végétaux se rencontrent dans des organes très-différents. La garance s'extrait de la racine du *Rubia tinctorum*, et ne prend, comme l'a démontré M. Decaisne, sa belle couleur rouge que sous l'influence de l'air ; dans le végétal vivant, elle est seulement colorée en jaune. Le bois de Campêche, ainsi que les feuilles du *Bignonia chica*, donne une couleur rouge quand on le fait bouillir dans l'eau. Le *Reseda luteola*, vulgairement nommé gaude, fournit une matière d'un beau jaune. Enfin on extrait de certains lichens, au moyen d'une préparation convenable, une matière colorante bleue, connue sous le nom de tournesol ; matière importante, qui sert aux chimistes à distinguer les acides des alcalis ; en effet, la teinture de tournesol devient rouge sous l'influence des acides solubles dans l'eau, et reprend, lorsqu'elle a été ainsi rougie, sa couleur bleue primitive quand elle est mise en contact avec un alcali soluble dans l'eau.

On extrait des feuilles de l'*Indigofera tinctoria* une des matières colorantes les plus importantes, l'indigo ; sa belle couleur bleue le fait rechercher dans le commerce, et sa préparation est devenue pour le Mexique et les Indes une puissante source d'exportation.

III. — *Principes immédiats quaternaires, c'est-à-dire formés d'oxygène, d'hydrogène, de carbone et d'azote.*

Les principes immédiats qui offrent cette composition sont souvent désignés sous le nom de matières azotées ;

leur histoire est encore assez obscure, malgré le rôle immense qu'ils jouent dans l'alimentation des êtres organisés.

On a démontré en effet qu'une plante ne pouvait former la base d'une alimentation substantielle qu'autant qu'elle renfermait de l'azote, et que, plus elle en contenait, plus son effet nutritif était considérable. Les grains sont beaucoup plus azotés que les fourrages verts, que le foin par exemple ; aussi, quand on veut nourrir énergiquement un animal, faut-il lui donner une ration plus forte de graines d'avoine, d'orge ou de maïs, que de foin ; en d'autres termes, un poids déterminé de graines produira un effet nutritif beaucoup plus grand que le même poids de foin.

Ainsi les graines des céréales (froment, orge, avoine) doivent la plus grande partie de leur puissance nutritive à la matière azotée qu'elles renferment ; cette matière, qu'on peut facilement isoler de la farine, porte le nom de *gluten*.

Dans les graines de la famille des Légumineuses, on a trouvé également une matière azotée, la *légumine ;* et ces graines sont considérées à juste titre comme très-nourrissantes : les pommes de terre le sont moins ; car, si on trouve dans 100 grammes de haricots frais 4^g,58 d'azote, on n'en trouve que 3^g,36 dans 100 grammes de pommes de terre fraîches.

Mais, si les principes azotés de certains végétaux sont d'excellents aliments, d'autres, au contraire, sont des poisons terribles. Les noix vomiques fournissent la *strychnine*, les feuilles de tabac la *nicotine ;* la *morphine* se tire des pavots : substances extrêmement vénéneuses, et dont l'action est comparable aux poisons minéraux les plus énergiques.

A côté de ces principes, dont les effets sont si redoutables, s'en trouvent d'autres dont la médecine s'est emparée, et qui constituent des médicaments précieux; la *quinine*, dont l'effet, dans la fièvre intermittente, est si remarquable, est un principe azoté qui s'extrait de l'écorce du *Cinchona Calisaya*, arbre des montagnes de la Bolivie et de l'Équateur, dans l'Amérique méridionale.

IV. — *Des substances minérales qu'on rencontre dans les végétaux.*

Nous devons parler maintenant des substances minérales contenues dans les végétaux, et qui, restant après leur incinération, en constituent les cendres.

Pour donner une idée de la variabilité des proportions de cendres qui peuvent exister dans les différentes espèces végétales, nous allons donner quelques chiffres rapportés à 1,000 grammes de plantes, desséchées à 110°, c'est-à-dire à une température suffisante pour chasser l'eau qu'elles contiennent.

Betteraves champêtres	63
Navets	76
Trèfle rouge (foin)	77
Seigle (graines)	23
— (paille)	36
Paille de colza	38,7
Feuilles de colza à fleurs	159,9

D'après ces chiffres, on voit combien, en effet, la quantité de cendres peut varier d'une plante à une autre; ajoutons qu'elle varie aussi d'un moment à l'autre dans une même plante. Des analyses nombreuses ont conduit aux conclusions suivantes pour les végétaux de nature ligneuse.

1º Le bois proprement dit donne moins de cendres que l'aubier;

2º L'aubier en donne beaucoup moins que l'écorce, composée de tissus utriculaires comme les feuilles;

3º Les feuilles laissent plus de cendres que les tiges ou que les branches, dans les plantes herbacées ou dans les végétaux ligneux;

4º Les feuilles donnent une proportion de cendres d'autant plus considérable, qu'elles sont prises à une époque plus rapprochée de leur complète maturité.

Une étude utile des cendres doit nécessairement s'appuyer sur la connaissance de leurs principes constituants. C'est cette étude que nous allons brièvement exposer.

1. *Soufre.* — Le soufre est un corps solide jaune, insoluble dans l'eau; il brûle facilement à l'air, avec une flamme bleue, et dégage de l'acide sulfureux, ce gaz répand une odeur piquante que tout le monde a respirée en brûlant des allumettes soufrées. C'est encore au soufre que les matières en putréfaction doivent cette odeur fétide qu'on remarque particulièrement dans les œufs pourris; dans ce cas, le soufre est combiné avec l'hydrogène, et forme l'hydrogène sulfuré. Le soufre très-divisé, connu dans le commerce sous le nom de *fleur de soufre*, paraît être utile dans le traitement de la maladie qui affecte la vigne depuis quelques années. Le soufre n'existe jamais dans les végétaux à l'état simple, et c'est presque toujours en combinaison avec l'oxygène qu'on le trouve dans les cendres; il forme alors l'acide sulfurique ou huile de vitriol, ce liquide corrosif qui présente un si grand nombre d'applications dans l'industrie.

On comprend à l'instant même, quand on a pu observer les effets de l'huile de vitriol sur les substances organisées, qu'elle ne saurait exister dans les plantes à l'état libre ; elle y est en effet combinée avec de la potasse ou de la chaux, surtout avec cette dernière. Sous cette forme, l'acide sulfurique est très-abondant dans la nature ; c'est, en effet, la combinaison de l'acide sulfurique avec la chaux qu'on appelle *gypse* ou *plâtre*, ou en langage chimique : *sulfate de chaux*.

2. *Phosphore*. — Le phosphore est un corps blanc translucide, lumineux dans l'obscurité, comme chacun a pu le reconnaître en frottant des allumettes dites chimiques sur une surface rugueuse. Le phosphore, comme tout le monde sait, s'enflamme très-facilement, il se combine alors avec l'oxygène et donne lieu à de l'acide phosphorique. Pas plus que l'acide sulfurique, l'acide phosphorique n'existe à l'état simple dans les végétaux, il s'y rencontre encore la plupart du temps combiné avec la chaux, et c'est alors le *phosphate de chaux*. On jugera de l'importance de ce composé quand on saura qu'il existe dans les cendres de tous les végétaux. — Le phosphate de chaux, qui est presque insoluble dans l'eau pure, se dissout, au contraire, facilement dans une eau légèrement chargée d'acide carbonique.

3. *Silice*. — La silice est une combinaison de l'oxygène avec un corps particulier nommé le *silicium*, qui ne présente aucun intérêt pour nous. La silice est un des corps les plus répandus à la surface du globe ; les grès sont de la silice presque pure, le sable, la pierre à fusil sont encore de la silice ; complétement insoluble dans l'eau quand elle a été chauffée à une température élevée, la silice se dissout facilement, au contraire, quand elle a été combinée à des alcalis, à la potasse et à la soude. Elle existe quelquefois en quantité extrêmement considérable dans les végétaux ; on en a trouvé

jusqu'à 70 pour 100 dans les cendres de la paille de froment, et l'on pense que c'est en grande partie à elle que les tiges des céréales doivent leur rigidité. Les feuilles du *Ficus politoria* sont tellement siliceuses qu'on les emploie pour polir les métaux.

La silice se trouve aussi dans la nature à l'état de combinaison. Combinée avec l'alumine et l'eau, elle forme l'argile, que nous trouvons répandue en si grandes masses à la surface du globe.

4. *Chlore*. — Le chlore se trouve toujours aussi dans les cendres des végétaux, non plus à l'état de combinaison avec l'oxygène, mais combiné avec un métal qui se trouve dans la soude et qui porte le nom de *sodium*. Le chlorure de sodium ou sel marin, sel de cuisine, se trouve presque toujours en petite quantité dans les végétaux terrestres, mais il existe surtout en quantité considérable dans les plantes qui croissent dans la mer.

5. *Potasse*. — La potasse est une substance blanche, caustique, très-soluble dans l'eau, à laquelle elle communique une odeur légèrement urineuse; la potasse existe en quantité tellement considérable dans les cendres des végétaux, que c'est de ces cendres mêmes qu'on l'extrait pour les besoins de l'industrie. L'importance de cet alcali est telle, que dans les pays où les forêts sont abondantes, on brûle du bois dans le but exclusif d'en tirer des cendres, et par conséquent de la potasse. C'est à la présence de la potasse dans les cendres que les lessives qu'on fait avec les cendres doivent leurs propriétés. En se combinant avec la graisse du linge sale, elle forme un savon soluble et amène ainsi le blanchiment.

La potasse ne se rencontre jamais dans la nature à l'état caustique; elle est toujours combinée à un acide, plus ordinairement avec l'acide carbonique, parfois avec l'acide sulfurique, la silice ou l'acide chlorhydrique. Dans ces différents cas, on lui donne des noms qui expriment ces états divers de combinaison : carbonate, sulfate, silicate de potasse, chlorure de potassium.

6. *Soude.* — La *soude* est douée de propriétés tout à fait analogues à celles de la potasse ; comme elle, on la rencontre dans les végétaux combinés à ces acides, mais c'est surtout à l'état de chlorure, de sel marin, qu'elle abonde, comme nous l'avons dit en parlant du chlore.

7. *Chaux.* — La chaux, enfin, est une des substances les plus communes dans les cendres de végétaux ; elle ne s'y trouve point à l'état caustique, mais le plus souvent à l'état de carbonate, et c'est alors ce qu'on nomme vulgairement la craie, ou à l'état de sulfate : dans ce cas, c'est le gypse ou plâtre. La craie est presque insoluble dans l'eau pure, mais elle est, au contraire, très-soluble dans une eau contenant de l'acide carbonique ; elle peut ainsi pénétrer, à l'aide de la séve, dans tous les organes des plantes. Le plâtre, au contraire, est assez soluble même dans l'eau pure pour que sa présence dans les cendres soit facile à expliquer.

Tels sont les corps qui se rencontrent dans les plantes ; mais ils ne s'y trouvent pas uniformément répartis ; tel végétal absorbe beaucoup de chaux, tel autre beaucoup de potasse, tel de la silice, etc. Ainsi, d'après des analyses rigoureuses, sur 100 parties de cendres de pommes de terre, il y en a 51 de potasse, et seulement 1,8 de chaux. Dans les navets, il n'y a que 33 % de potasse, mais 10 % de chaux. Dans le froment, il y a de la chaux, de la magnésie et de la potasse unies presque exclusivement à l'acide phosphorique ; les grains de froment en renferment 47 °/₀ de leur poids ; dans la paille du froment, il n'y a que très-peu d'acide phosphorique, mais 67 °/₀ de silice.

On voit, d'après ces chiffres, que les plantes soutirent du sol les parties minérales qui leur conviennent, et qu'elles épuisent celui-ci chacune d'une façon spéciale. On divise les plantes en 3 séries, suivant la composition de leurs cendres. Les végétaux à potasse, qui renferment plus de la moitié du poids de leurs cendres en sels de potasse et de soude ; tels sont la betterave, le navet, le maïs, l'absinthe, les pommes de terre.

Les végétaux à chaux, dans lesquels les sels calcaires prédominent : le tabac, le trèfle, le sainfoin, les fèves.

Enfin, la troisième classe est formée des plantes à silice, dans lesquelles il faut ranger les céréales dont les pailles en absorbent des quantités notables.

Une application immédiate ressort de l'étude de ces cendres ; il est évident que, si l'on cultive plusieurs années de suite le même terrain sans lui donner d'engrais, il faudra que les plantes qui s'y succéderont soient de natures différentes, car, après une ou deux récoltes au plus, elles pourront avoir enlevé au sol toute la partie minérale dont elles ont besoin et l'avoir épuisé complétement de cette substance ; les récoltes subséquentes s'en trouveraient donc dépourvues et en souffriraient. Si, au contraire, on cultive d'abord des betteraves, qui enlèvent surtout de la potasse, et ensuite du trèfle, qui demande de la chaux, les deux récoltes pourront se succéder sans inconvénient, car elles demandent au sol des éléments différents. Ce sont ces considérations qui ont conduit les agriculteurs à mettre en pratique le système des assolements, qui consiste à faire succéder, sur le même terrain, des plantes dont les besoins minéraux sont différents. La théorie des *assollements,* bien que s'appliquant surtout à la grande culture, trouve cependant son application dans le jardinage ; lorsqu'une espèce a occupé pendant plusieurs années la même place, on est souvent obligé de changer les cultures, sous peine de n'obtenir que des produits médiocres. C'est ainsi que les fosses d'asperges ne durent pas plus d'une dizaine d'années, au moins à Argenteuil. L'opération du rempotage, celle du rencaissage, la transplantation des plantes vivaces, sont, comme on le voit, des sortes d'assolements, puisqu'elles donnent aux plantes une terre neuve dans laquelle elles retrouvent de nouveaux aliments.

CHAPITRE QUATRIÈME.

Phénomènes physiques et chimiques de la végétation.

Nous avons cherché à décrire, dans le chapitre précédent, les principes immédiats qui se rencontrent dans les végétaux. La chimie végétale, sans nous apprendre encore, et sans nous apprendre peut-être jamais, comment la nature a su grouper les corps qu'elle trouve dans la nature pour en former des substances aussi diverses, nous donne déjà cependant des connaissances certaines sur les phénomènes les plus importants qui s'accomplissent dans la vie végétale. Prenons donc une plante à l'état de graine; suivons-la pendant son développement jusqu'à sa mort, et voyons dans chacune de ces périodes l'action des agents de la nature sur son développement.

I. — *Germination.* — *Nécessité de l'humidité et de l'oxygène de l'air.*

Pour qu'une graine puisse germer, il faut qu'elle soit exposée à une température de 10 à 20°, et qu'elle se trouve en présence de l'oxygène et de l'eau. On a essayé en vain de faire germer des graines dans des atmosphères d'hydrogène, d'azote ou d'acide carbonique : placées dans ces conditions, les graines pourrissent. On sait, de plus, que les graines peuvent se conserver fort longtemps à l'abri de l'humidité, sans subir aucune altération.

Pendant les premiers jours de la germination, la graine perd du carbone et de l'eau ; en analysant l'atmosphère d'une cloche sous laquelle on a fait germer des graines, on reconnaît que la presque totalité de l'oxygène qu'elle contenait s'est transformé en acide carbonique, dont la présence est nuisible à la jeune plante. On active, en effet, son développement en absorbant cet acide carbonique à mesure qu'il se forme, au moyen de chaux vive placée sous la cloche.

Une nouvelle preuve de la nécessité de l'oxygène pour la germination consiste à faire germer des graines sous l'eau. Le développement de la plante, qui avait lieu sous l'influence de l'oxygène dissous dans l'eau, se trouve complétement arrêté si, par une ébullition prolongée, on prive l'eau de l'air qu'elle contient ordinairement.

La lumière seule n'a aucune influence directe sur la germination ; des graines placées les unes dans l'obscurité, les autres à la lumière, ont germé avec une égale rapidité : ce qui est nécessaire, c'est l'humidité ; et c'est sans doute parce que la chaleur du soleil desséchait les graines, qu'on a émis l'opinion que sa lumière était défavorable à la germination. Ce phénomène exige encore, suivant les espèces, une température comprise entre 2 ou 3° et 25° au-dessus de zéro. Chacun a pu remarquer avec quelle promptitude les graines germent dans un sol chaud et humide.

Le chlore, ce gaz à odeur suffocante, dont nous avons déjà parlé, paraît jouir de la singulière propriété d'activer considérablement la germination, et même de réveiller la faculté germinative chez des graines devenues incapables, par l'effet de la vétusté, de se développer dans toute autre circonstance ; ce singulier phénomène est encore mal connu et mal expliqué ; peut-être l'influence du chlore est-elle due à ses propriétés oxydantes? On sait en effet que, dans certains cas, le chlore peut décomposer l'eau, se combiner avec l'hydrogène, et mettre à nu l'oxygène qui, au moment de sa séparation, est doué d'affinités beaucoup plus vives que dans son état normal.

Pendant la germination, la jeune plante perd donc du charbon, qui se transforme en acide carbonique en se combinant avec l'oxygène de l'air; bientôt cependant le jeune végétal s'accroît, les feuilles se développent et verdissent, il va regagner, et au delà, ce qu'il a perdu pendant la germination.

II. — *Développement de la plante. — Séve ascendante.*

Aussitôt que la germination a eu lieu, on remarque dans la graine le développement de deux organes bien différents : l'un qui plonge dans la terre, c'est la racine; l'autre qui s'élève dans l'air, c'est la tigelle; l'une constamment blanche, l'autre le plus généralement verte. L'humidité et l'oxygène, qui étaient nécessaires lors de la germination, le sont encore maintenant. En plaçant dans de l'eau privée d'air par l'ébullition les racines des plantes dont la tige et les feuilles se trouvaient dans l'atmosphère, on a toujours vu ces végétaux périr après un temps plus ou moins long. On peut expliquer de la même manière la mort d'arbres dont les racines plongent dans des eaux stagnantes toujours peu aérées. Les labours qu'on donne aux plantes annuelles ont en grande partie pour effet, en ameublissant la terre, d'y donner un accès plus facile à l'oxygène.

Le véhicule de ce gaz est l'eau, qui contient toujours en dissolution une quantité d'air plus ou moins grande.

Après s'être chargée sur le sol de principes minéraux, elle est absorbée par les spongioles des racines, et commence son ascension dans le jeune végétal, passant par les vaisseaux pour arriver ainsi jusqu'aux feuilles, où elle éprouve une modification remarquable.

L'eau qui arrive ainsi jusqu'aux feuilles n'est déjà plus de l'eau pure, ni même de l'eau simplement chargée de principes minéraux, que nous avons vue entrer dans les spongioles des racines; elle s'est enrichie, dans son parcours à travers le végétal, de plusieurs principes immédiats. C'est déjà une nouvelle substance très-aqueuse encore, mais cependant profondément modifiée : c'est la *séve*.

L'ascension de la séve dans les plantes tient à plusieurs causes, les unes purement physiques, et les autres dépendant des forces vitales. On sait, en effet, que si l'on trempe une mèche de coton dans l'eau, dans l'huile ou dans l'alcool, cette mèche s'imbibe bientôt complétement de liquide, et que celui-ci peut arriver assez rapidement à une hauteur supérieure à celle du liquide qui l'a mouillé d'abord. En physique, cette ascension des liquides dans les corps qu'ils peuvent mouiller, porte le nom de *phénomènes capillaires*. La capillarité est donc une des causes qui influent sur l'élévation des liquides dans les végétaux ; mais ce n'est pas la seule.

Lorsque la séve arrive aux feuilles, elle perd continuellement de l'eau que ces feuilles évaporent. Si on fait végéter des plantes sous une cloche, on verra bientôt les parois ruisseler de l'eau qui s'est échappée du végétal, et qui est venue se condenser sur le verre ; le tissu végétal étant continuellement rempli d'eau, et de l'eau s'évaporant sans cesse, il y aura un appel continuel du liquide qui peut se trouver dans la terre ; le végétal jouera le rôle d'un appareil aspirateur absorbant l'eau du sol pour la rejeter à l'état de vapeur dans l'atmosphère. Nous sommes loin cependant d'affirmer que cette marche ascensionnelle de la séve ne soit due qu'à ces deux causes : évaporation continuelle, et capillarité. Il est indubitable que certaines forces vitales encore inconnues exercent dans ce phénomène une action particulière qui a échappé aux regards des physiologistes.

III. — *Décomposition de l'acide carbonique par les parties vertes des végétaux.*

La séve, en arrivant aux feuilles, s'évapore donc en partie; elle se concentre; elle perd de l'eau en conservant les principes qu'elle a dû acquérir pendant son trajet dans le végétal. Elle éprouve en outre une modification plus importante, elle se charge d'une quantité considérable de carbone, et se transforme alors en séve que l'on nomme *descendante* et qui va servir à l'accroissement du végétal.

A la fin du siècle dernier, Priestley, chimiste anglais, découvrit que les plantes peuvent rendre de nouveau combustible et respirable l'air vicié par la combustion du charbon ou par la respiration des animaux. En effet, si on laisse pendant quelque temps exposées au soleil de jeunes plantes placées dans une atmosphère contenant une certaine quantité d'acide carbonique, on reconnaît bientôt que la proportion de cet acide a notablement diminué, et que ce gaz a été remplacé par de l'oxygène.

On peut faire l'expérience dans une cloche de verre (fig. 10) placée au-dessus d'un bain de mercure qui empêche le mélange de l'atmosphère avec l'air de la cloche;

les jeunes graines ont été semées dans de l'amiante ou dans du sable pilé, légèrement humecté d'eau. On a eu

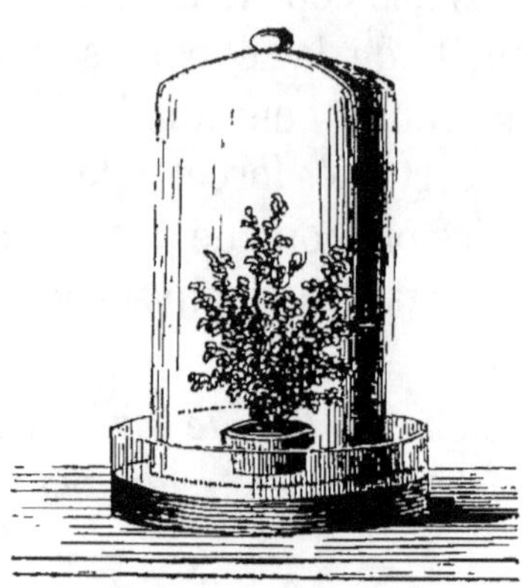

Fig. 10. — Végétation dans une atmosphère limitée.

soin de calciner ces matières minérales, afin de les priver de tout le charbon qu'elles pouvaient contenir.

Si les plantes se bornaient à s'emparer de l'acide carbonique contenu dans cette atmosphère limitée, on observerait une diminution notable dans le volume de cette dernière; mais c'est ce qui n'a pas lieu, la masse de gaz reste la même; seulement, la proportion d'acide carbonique diminue, tandis que celle d'oxygène augmente dans la même proportion. Or l'analyse chimique a démontré qu'un volume d'acide carbonique contenait un volume d'oxygène égal au sien; il serait donc déjà très-plausible d'admettre que l'acide carbonique existant dans cette atmosphère a été décomposé par la plante, et que l'oxygène a été rejeté pendant que les feuilles se sont emparées du carbone. Mais cette supposition devient une réalité à l'aide de l'analyse; car on remarque que les plantes enfermées dans une atmosphère riche en acide carbonique ont, après un certain temps, gagné du carbone, qu'elles n'ont évidemment pu pren-

dre qu'à l'air, puisqu'elles végétaient dans un sol entièrement privé de matières organiques.

M. Boussingault a fait, en 1840, une expérience qui
démontre de la façon la plus nette cette absorption de
l'acide carbonique sous l'influence de la lumière. Son appareil (fig. 11) se composait d'un ballon A, dans lequel on

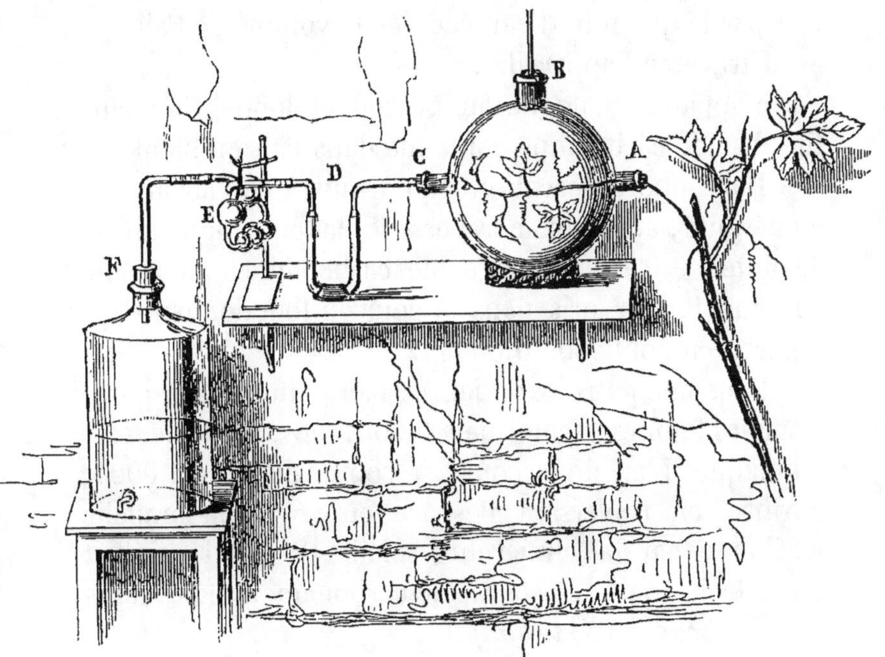

Fig. 11. — Décomposition de l'acide carbonique par les feuilles sous l'influence de la
lumière solaire.

avait fait pénétrer un rameau de vigne ; le ballon com-
muniquait par le tube B avec l'atmosphère, et par le
tube C d'abord, avec un tube D rempli de pierre-
ponce imbibée d'acide sulfurique destiné à retenir
l'eau qui s'échappait des feuilles ; l'air se rendait ensuite dans le petit appareil E contenant une dissolution
de potasse caustique, pouvant par conséquent absorber
tout l'acide carbonique. Enfin l'appareil était terminé

par le flacon F rempli d'eau qui, en s'écoulant, déterminait un appel d'air à travers le ballon.

Le tube E avait été exactement pesé avant l'expérience ; l'augmentation de poids, due seulement à l'acide carbonique, indiquait la quantité de cet acide qui avait traversé l'appareil sans être absorbé ; on avait déterminé préalablement le volume du flacon F, et on pouvait savoir par la quantité d'eau écoulée le volume de l'air qui avait traversé l'appareil.

Un appareil analogue au précédent donnait la quantité d'acide carbonique contenue dans l'air ambiant.

« Dans une observation, on trouva que l'air atmos« phérique, après avoir traversé le ballon, contenait en « volume 0,0002 de gaz acide carbonique ; au même « moment, l'air pris dans la cour où fonctionnait l'ap« pareil en contenait 0,00045.

« Dans une autre expérience, l'air, après avoir passé « sur les feuilles, renfermait 0,0001 de gaz acide car« bonique. L'air de la cour en contenait alors 0,0004. « Ainsi, en traversant l'espace où vivait la branche « éclairée par la lumière du soleil, l'air se dépouillait « des trois quarts de son acide carbonique. » (BOUSSINGAULT, *Économie rurale.*)

L'absorption de l'acide carbonique par les feuilles est donc un fait bien évident ; mais il faut remarquer que cette absorption n'a lieu, comme nous venons de le dire, que sous l'influence de la lumière.

Dans l'obscurité, il n'en est plus ainsi ; quand on abandonne des feuilles ou des plantes dans une atmosphère limitée et privée d'air, il y a émission d'acide carbonique, et, au contraire, absorption d'oxygène : le phénomène est renversé. Si cette situation anormale se prolonge, la plante devient molle, flasque ; elle blanchit et s'étiole. La pratique a mis à profit cette influence remarquable de l'absence de la lumière, en faisant blanchir le *céleri*, la *chicorée*, etc.

L'exhalation de l'acide carbonique par les feuilles, jointe à l'absorption de l'oxygène, explique comment il peut être dangereux de passer la nuit dans une pièce contenant des végétaux : la diminution de la masse d'air respirable produite par ces deux causes peut amener, sinon une asphyxie, du moins des maux de tête

Les plantes peuvent encore puiser dans le sol une partie de l'acide carbonique que décomposent leurs feuilles ; des observations directes ont démontré ces phénomènes d'absorption de l'acide carbonique par les racines. En coupant des arbres en pleine séve, on a vu s'échapper du tronc des quantités notables d'acide carbonique, évidemment tirées du sol par les racines.

De plus, comme nous le verrons dans la suite, on trouve dans les cendres des végétaux des sels complétement insolubles dans l'eau, mais qui se dissolvent au contraire facilement dans ce liquide chargé d'acide carbonique ; la présence du carbonate et du phosphate de chaux dans les cendres des végétaux ne peut s'expliquer sans l'intervention de cet acide carbonique.

Quoi qu'il en soit, c'est dans l'air surtout que le plus souvent les plantes puisent leur carbone. Comment en serait-il autrement, quand on voit l'énorme quantité de carbone qu'ont pu s'approprier des arbres séculaires, par exemple, et l'espace si limité pourtant dans lequel leurs racines peuvent s'étendre ? A coup sûr, quand a germé le gland qui a produit il y a cent ans le chêne qui fait aujourd'hui notre admiration, le terrain sur lequel il était tombé ne contenait pas la millionième partie du charbon que le chêne lui-même renferme maintenant. C'est l'acide carbonique de l'air qui a fourni le reste, c'est-à-dire la masse à peu près entière [1].

Sous l'influence de la lumière, les feuilles décomposent donc l'acide carbonique, s'emparent du carbone et rejettent l'oxygène. Cet oxygène sera à son tour absorbé par les animaux, qui le transformeront en acide carbonique de nouveau décomposé par les plantes. C'est ainsi que s'établit cette admirable rotation de la nature organisée : la plante prenant le carbone, le mettant sous ces mille formes diverses où il peut servir à l'alimentation des animaux ; ceux-ci, nourris de la sorte, brûlent ce carbone avec l'oxygène de l'air, entretiennent leur chaleur à l'aide de cette combustion, puis rejettent l'acide carbonique, qui va être décomposé de nouveau par les plantes sous l'influence des rayons solaires.

Cette fonction réparatrice des végétaux permet de comprendre comment l'air ne change pas de composition, bien que les animaux et les combustions absorbent journellement une quantité considérable d'oxygène. Il faut ajouter, au reste, que, même sans cette cause qui ramène l'air à sa composition normale, la masse de l'atmosphère est telle, que les changements apportés par ces causes n'y seraient sensibles qu'à une époque extrêmement reculée.

IV. — *Séve descendante.*

Nous avons, dans les pages précédentes, montré comment l'eau puisée dans le sol s'élève dans le végétal, en prenant le nom de séve ; comment elle arrive ainsi

(1) Dumas, *Statique chimique des êtres organisés.*

jusqu'aux feuilles, où elle se concentre en perdant de l'eau, et où elle se modifie en absorbant du charbon; la séve redescend alors dans le végétal, mais elle suit une marche différente. C'est par les vaisseaux du bois que la séve s'est élevée dans le végétal, par la partie qui, dans les arbres dicotylédonés, porte le nom d'aubier; c'est entre l'aubier et l'écorce, dans la partie en voie d'organisation, que les physiologistes ont appelé *cambium*, que la sève paraît descendre jusqu'à la partie inférieure du végétal; elle a pris alors une consistance plus grande, elle est gommeuse, et concourt à la production d'une nouvelle couche d'aubier.

La difficulté presque insurmontable qu'on éprouve à se procurer à l'état de pureté l'une ou l'autre séve, empêche d'arriver à une connaissance plus exacte du rôle qu'elles jouent dans le végétal.

Certains végétaux fournissent, en modifiant la séve descendante, des sucs spéciaux dont plusieurs sont propres à de nombreux usages.

L'Amérique possède ainsi l'*Arbre de la vache*, dont le lait, d'une saveur agréable, présente la plus grande analogie avec le lait provenant des animaux.

C'est aussi au nouveau monde qu'on a trouvé le *Siphonia elastica*, le *Jatropha elastica*, dont le lait, en se coagulant, acquiert l'élasticité et l'imperméabilité qui font rechercher dans le commerce le *caoutchouc*, ainsi que la gutta percha *Isonandra Gutta*.

Enfin le suc des pavots fournit, en se desséchant, un médicament précieux et redoutable, l'*opium*.

V. — *Absorption de l'azote.*

L'azote, que nous avons vu être partie constituante

de toutes les plantes, au moins dans leurs graines, peut être pris par la plante, soit dans le sol, soit dans l'atmosphère.

D'après des recherches récentes de M. Boussingault, d'une netteté et d'une précision admirables, on peut admettre que jamais les plantes ne peuvent s'assimiler l'azote à l'état libre et tel qu'il se trouve dans l'air atmos-phérique; il faut très-probablement que cet azote soit à l'état d'ammoniaque pour qu'il puisse être absorbé. Nous avons vu, en effet, en parlant des analyses d'eau de pluie, que l'atmosphère contenait une quantité très-appréciable d'ammoniaque.

Au reste, toutes les plantes ne peuvent pas s'assi-miler ainsi l'ammoniaque de l'air; les céréales, par exemple, le demandent toujours aux sols, et c'est pour cela que les engrais sont si nécessaires à leur culture; au contraire, certaines légumineuses, le trèfle entre autres, empruntent leur ammoniaque à l'atmosphère. On s'en assure en faisant croître dans des sols abso-lument stériles des plantes appartenant à ces deux es-pèces; analysant d'abord la graine, puis la récolte, comparant ainsi les quantités d'azote absorbées.

1^g,586 de graine de trèfle rouge, supposée par-faitement sèche, semée dans de la brique pilée, ont gagné, pendant une végétation de trois mois, 0^g,042 d'azote, tandis que dans le même temps, 1^g,664 de froment supposé absolument sec, n'a gagné que 0^g,003, c'est-à-dire une quantité tellement faible, que l'analyse peut à peine en répondre.

Dans une autre expérience, où l'avoine avait été sou-mise à la culture, on a trouvé, au contraire, une petite perte d'azote.

Nous verrons plus haut que ces faits ont un grand

intérêt dans l'étude des engrais, et notamment des engrais verts.

L'oxygène, si nécessaire au développement de la plante, a cependant sur elle une action destructive aussitôt que la vie est suspendue, et, comme nous l'avons déjà annoncé, sous l'influence de l'humidité et de l'eau, les débris végétaux éprouvent une série d'altérations qui, après les avoir transformés en humus, les ramènent aux combinaisons moins complexes de la chimie minérale.

Nous aurons souvent occasion de revenir sur cette lutte des deux principes qui régissent la matière organisée : l'une la force inconnue qui préside à la vie, et sous l'influence de laquelle se produisent ces mille corps divers qui contiennent tous les mêmes éléments; l'autre la force chimique qui tend à grouper simplement suivant l'ordre des affinités les corps qui avaient formé les organes complexes, soit des végétaux, soit des animaux.

CHAPITRE CINQUIEME.

Des Sols.

Formation des roches aqueuses dont le mélange constitue le sol végétal.

Si par la pensée on dépouillait la partie solide du globe de la mince couche de terre végétale qui la recouvre, on pourrait la comparer à distance à une immense pièce de marqueterie, à un vaste damier dont les cases seraient constituées par des substances différentes qui portent le nom de roches. Mais, en examinant la nature et la structure de ces roches, on verrait immédiatement qu'elles se sont formées dans des circonstances différentes. En effet, les unes, à l'apparence cristalline, sont dures; elles ont évidemment subi l'action du feu; elles ont bouleversé tout ce qui se trouvait sur leur passage. Quand notre planète, d'abord à l'état incandescent, s'est refroidie, les matières qui se trouvaient en contact à l'état fluide se sont combinées suivant les lois des affinités chimiques, et ont donné naissance aux roches cristallisées, aux granits, aux porphyres, etc. D'autres roches, au contraire, présentent un aspect terreux; elles sont formées de couches superposées horizontalement par lignes parallèles, et renferment dans leur sein des débris animaux et végétaux. Tout annonce qu'elles ont été formées au sein des eaux, et qu'elles proviennent de la désagrégation et de la décomposition des roches cristallines, sous l'influence simultanée de l'air et de l'eau ; tels sont le plâtre, le carbonate de chaux, etc.

L'action destructive des eaux sur les terrains cristallisés tient à plusieurs causes. Elles peuvent agir par masses, éraillant les roches sur lesquelles elles coulent, en détachant des morceaux plus ou moins gros, quelquefois des blocs entiers qui, entraînés dans les courants, vont ajouter le choc de leur masse à la puissance destructive des eaux elles-mêmes ; en se congelant, et en augmentant ainsi considérablement de volume, l'eau développe, comme nous l'avons vu, une force suffisante pour faire éclater des bombes d'une grande épaisseur. Si donc quelques gouttes d'eau peuvent s'introduire dans les interstices, dans les cavités que présentent toujours les roches les plus dures, cette eau, en se congelant, déterminera un éclat, la rupture de quelques petits fragments ; cette action, répétée pendant la longue succession de siècles qui nous séparent des premières formations géologiques, a pu déterminer la séparation de fragments innombrables, qui ont été ensuite entraînés par les eaux et sont venus s'ajouter à ceux qu'elles avaient déjà détachés.

Outre ces actions physiques, l'eau possède des affinités chimiques qui ont aussi puissamment contribué à la désagrégation des roches cristallisées : un grand nombre d'entre elles sont formées par des silicates doubles d'alumine et de potasse ; tels sont le *feldspath*, le *mica*, l'*amphibole*, etc. ; la potasse, comme nous le savons, est extrêmement soluble dans l'eau ; elle a la plus grande affinité pour ce liquide, affinité assez vive pour qu'elle abandonne, plus ou moins complétement, la silice avec laquelle elle était combinée ; la potasse est ainsi séparée, et, pour le dire en passant, c'est de la désagrégation des

feldspaths qui entrent dans la constitution des granits
que provient presque toute la potasse qui se trouve dans
les végétaux. Après la séparation de la potasse, il reste
du silicate d'alumine mélangé a de la silice libre, en
proportion variable, et ce sont ces résidus qui forment
les argiles et les silex. Ceux-ci, transportés par les eaux,
roulés par elles, prennent des formes arrondies, se bri-
sent en fragments plus ou moins nombreux, et finissent
par constituer les *sables*, qui se trouvent en si énorme
quantité à la surface du globe.

Cette action si curieuse de l'eau sur les minéraux,
sur les feldspaths, par exemple, peut s'observer tous les
jours. On trouve, en effet, des échantillons dans lesquels la surface est complétement altérée ; le silicate de
potasse a disparu ; il reste une matière blanche, plasti-
que, du silicate d'alumine pur, qui a été employé si
utilement, sous le nom de *kaolin*, à la fabrication de la
porcelaine. L'intérieur de ces fragments est au contraire, encore intact ; il est formé d'un noyau dur et
cristallin de feldspath non décomposé.

Il est assez rare que ce silicate d'alumine se trouve
ainsi à l'état de pureté ; la plupart du temps il est coloré
par des oxydes de fer, il est combiné à une certaine quantité d'eau, et porte alors le nom d'*argile*.—Les argiles, car
on en distingue de plusieurs sortes, n'ont pas une composition absolument identique : les unes renferment encore
de la potasse, d'autres en sont complétement privées ;
quelquefois aussi elles sont mélangées à du sable, en fragments plus ou moins grossiers. L'industrie les emploie,
suivant leur degré de pureté, à des usages différents ;
tantôt elles servent à faire des poteries, tantôt elles sont
employées pour dégraisser les étoffes : on les nomme
alors terres à foulon. Il est nécessaire, pour qu'on puisse

les employer à cet usage, qu'elles retiennent un peu de potasse.

Les roches cristallines dont nous avons parlé renferment de la silice à l'état libre, qui est détachée, broyée plus ou moins complétement par les mouvements des eaux, et qui forme les silex, les cailloux roulés, le sable, suivant la grosseur des fragments.

Enfin, c'est encore à la désagrégation de certaines roches cristallines qu'il faut attribuer la présence de la chaux dans le sol.

Les roches aqueuses, ainsi produites par la décomposition des roches ignées, constituent donc, par leur mélange, la *terre végétale*, c'est-à-dire la base sur laquelle reposent les végétaux.

Le plus ordinairement elle est formée de sable et d'argile, mélangée à des proportions variables de carbonate de chaux ou calcaire. Tels sont les éléments qui constituent le sol, et qui, dominant tour à tour, lui donnent des propriétés physiques différentes, et le rendent propre à telle ou telle culture.

Nous verrons qu'outre ces éléments, les sols en renferment d'autres en quantité bien moins considérable, mais qui sont cependant d'une grande importance. Tels sont les sels alcalins, les phosphates, les silicates solubles, et enfin les détritus d'animaux et de végétaux, qui fournissent aux plantes une grande partie des principes nécessaires à leur complet développement.

Il était important de bien établir comment le sol s'était formé, quelle était sa composition complexe, afin d'écarter cette idée fausse qu'on se faisait autrefois de la terre; la considérant, sinon comme un élément, d'après l'opinion ancienne, du moins comme une substance à part, qui n'était ni du calcaire, ni du sable, ni de l'argile… : c'est un mélange de toutes ces substances.

Nous diviserons l'étude des sols en deux parties ; nous nous occuperons d'abord de ce qu'on appelle le sol physique, c'est-à-dire du point d'appui des végétaux, qui, par sa consistance, sa perméabilité, sa couleur, est plus ou moins favorable à la culture ; nous nous occuperons ensuite du sol chimique, c'est-à-dire des éléments minéraux que le végétal absorbe par ses racines, et qui se retrouvent dans les cendres, et nous terminerons par quelques mots sur les débris animaux et végétaux qui constituent le terreau ou humus, ce qui nous amènera naturellement à parler des engrais.

SECTION Ire. — DU SOL PHYSIQUE.

I. — *Sable.*

Le sable peut se trouver dans les terres à différents états ; il peut s'y présenter sous forme de graviers, en grains assez gros, durs, rayant le verre, ou bien à l'état de sable excessivement fin, pulvérulent, ou bien enfin, et dans ce cas il porte plutôt le nom chimique de silice, il peut se trouver à l'état de combinaison, soit avec l'alumine, soit avec la potasse : dans ce cas, il constitue l'argile et le silicate de potasse, corps dont nous allons nous occuper un peu plus loin.

Le sable en gros grains diminue beaucoup la ténacité des sols ; il a, en effet, le grave inconvénient de laisser filtrer trop facilement la partie soluble des engrais ; à cet état, il ne peut retenir qu'une faible quantité d'eau ; et on l'emploie dans le jardinage pour en faciliter l'écoulement, en en déposant une couche plus ou moins épaisse au fond des pots destinés à la culture des plantes délicates. Quand il est en grains très-fins, le sable absorbe au contraire et retient très-fortement l'humidité.

La perméabilité des terrains siliceux permet de les cultiver lorsqu'on peut les irriguer suffisamment; c'est ainsi que les sables arides des déserts se changent sous l'influence de l'humidité en de riants oasis. En Espagne, des sables humectés par les infiltrations du Guadalquivir, et abondamment pourvus d'engrais, ont été couverts de cultures maraîchères des plus productives. La silice blanche et pure de Ceylan produit la cannelle, sous l'action fertilisante des pluies torrentielles des tropiques.

Sous un climat humide comme l'est celui de la Hollande, les terres siliceuses deviennent d'une fertilité extrême avec l'addition des fumiers d'étable, et les dunes produisent, comme on le sait, des pommes de terre justement estimées; les cultures de Harlem, si célèbres pour leurs fleurs, sont établies sur un terrain sablonneux richement additionné de fumier; il n'est pas douteux enfin que les landes de Gascogne encore abandonnées ne soient susceptibles de produire également d'excellents légumes.

II. — *Argile.*

Nous avons déjà indiqué quelques-unes des propriétés des argiles, en disant qu'elles étaient plastiques, qu'elles formaient avec l'eau une pâte liante qui est souvent un inconvénient pour la culture. Les terres très-argileuses sont découpées par les labours en grosses mottes qu'il est ensuite difficile de casser; il arrive souvent cependant que la gelée arrive au secours du cultivateur en déterminant la désagrégation de ces fragments grossiers. Desséchée au soleil, l'argile se fendille et se durcit; elle absorbe facilement l'eau et la retient avec énergie, propriété qui sert à la faire aisément reconnaître. En effet, cette terre appliquée sur la langue en absorbe l'humidité; aussi dit-on qu'elle happe à la langue.

L'argile jouit de la propriété d'absorber l'ammoniaque contenue dans les engrais, et de la mettre, pour ainsi dire, en réserve; aussi les engrais qu'on donne à une terre argileuse ne commencent-ils à se faire sentir sur les récoltes que lorsque la terre est en quelque sorte saturée d'ammoniaque, et qu'elle en a absorbé tout ce qu'elle en peut retenir.

Les terres argileuses qui retiennent fortement l'eau après les pluies, et qui durcissent à la suite des temps secs, doivent être mises à l'abri de l'un de ces deux inconvénients par le *drainage*, qui permettra à l'eau de s'écouler, et de l'autre par des roseaux, de longues pailles étendues sur le sol, qui auront pour effet de s'opposer à une trop prompte dessiccation.

III. — *Calcaire.*

Le *carbonate de chaux* se trouve dans presque tous les sols soumis à la culture, mais il s'y trouve en quantité très-variable; quand ils en sont entièrement constitués, ils portent le nom de terrains crayeux. Ils jouissent de la propriété de retenir l'eau avec facilité; mais, s'ils sont trop humectés, ils se changent en une bouillie sans consistance, dans laquelle les plantes ne trouvent plus un appui suffisant, et qui offre le grave inconvénient de se boursoufler par la gelée.

Le carbonate de chaux, mélangé avec l'argile et le sable, forme en général des terrains présentant une bonne constitution physique, et qui ont reçu le nom de limon, terre franche, terre normale, suivant les proportions de calcaire qu'ils renferment.

Tels sont les éléments qui constituent toute terre végétale ; la proportion plus ou moins grande dans laquelle chacun d'eux entre dans un sol détermine plusieurs propriétés qui sont du plus haut intérêt pour la culture.

La ténacité et l'adhésion plus ou moins grande aux instruments ;

La faculté d'imbibition et de dessiccation ;

L'échauffement par les rayons solaires : telles sont ces principales propriétés.

Les divers degrés de ténacité ou la consistance d'un sol sont des propriétés importantes que les jardiniers expriment en disant d'une terre qu'elle est forte ou légère, selon que, pour la façonner à la culture, ils sont obligés de dépenser plus ou moins de force. L'adhérence de cette terre à la bèche, à la houe, est également utile à constater, et l'on a fait, pour déterminer ces propriétés, des expériences directes qui ont prouvé que l'argile pure et sèche présentait la plus grande ténacité, tandis que les sols calcaires ou siliceux offraient une ténacité extrêmement faible. L'une de ces terres est très-difficile à travailler ; l'autre, au contraire, se laisse préparer sans peine.

La faculté d'imbibition des terres n'est pas moins importante. Si elles laissent écouler l'eau sans la retenir, les plantes courent le risque d'être desséchées par le soleil : on dit alors que la terre est *chaude* ; si, au contraire, l'eau est complétement retenue, les plantes jaunissent et meurent, et alors la terre est *froide*. Il sera donc très-utile au jardinier de savoir quelle espèce de terre il aura à cultiver. D'après les expériences faites sur ce sujet, c'est l'humus qui est doué de la plus grande affinité pour l'eau ; les sables, au contraire, ont montré une affinité très-faible; celle de l'argile est beaucoup plus considérable; celle du calcaire varie avec son état de division : très-grande quand ce corps est à l'état ténu, elle est faible, au contraire, quand il est en fragments grossiers. — A côté de la propriété qu'a le sol d'absorber l'humidité, doit se placer son aptitude plus ou moins grande à laisser cette eau s'évaporer dans l'atmosphère. Les terres qui retiennent l'eau trop fortement présentent en effet de graves inconvénients pour le cultivateur; elles occasionnent des semailles tardives; les arbres fruitiers y donnent des produits peu savoureux; une dessiccation trop rapide peut aussi amener des inconvénients graves : les plantes délicates s'y étiolent et y meurent.

Enfin, la manière dont un sol s'échauffe sous l'influence des rayons solaires peut contribuer efficacement à sa fertilité. Une terre fortement colorée absorbera la chaleur avec facilité, et cette propriété, bonne dans les pays froids et tempérés, sera, au contraire, mauvaise dans les pays chauds. Les terrains maraîchers soit de Paris, soit des environs d'Amiens, doivent leur principales qualités à leur couleur foncée ainsi qu'à leur perméabilité. Les vignerons remarquent souvent que les ceps placés sur un sol coloré portent des fruits mûrs avant ceux qui croissent sur un sol blanc.

SECTION II. — DU SOL CHIMIQUE.

Nous avons vu que les cendres des végétaux sont composées de sels minéraux qu'ils ont pris au sol sur lequel ils ont vécu. Nous savons, en outre, que les végétaux ne peuvent point créer les sels minéraux, comme on l'avait cru pendant longtemps. Ainsi, en faisant croître des plantes dans un sol artificiel et composé d'éléments tout à fait insolubles, on s'est assuré que les plantes, après leur accroissement, ne contenaient en cendres qu'une quantité exactement égale à celle qu'on avait trouvée dans l'analyse d'un échantillon des mêmes graines; de plus, ces cendres étaient exactement de la même nature.

Phosphate de chaux. Dans les cendres de presque tous les végétaux nous trouvons des phosphates, c'est-à-dire une combinaison de l'acide phosphorique avec une base, généralement la chaux; il faut, en effet, qu'il en soit ainsi, puisque les os des herbivores contiennent une forte proportion de ce sel, que les animaux ont dû évidemment emprunter à leur nourriture végétale, et que les plantes ont dû puiser à leur tour dans le sol.

Le phosphate de chaux est au reste assez abondant dans la nature : l'Espagne offre des collines qui en sont presque entièrement formées, et presque tous les sols cultivables en renferment des quantités plus ou moins grandes.

D'après des calculs qui ont pour base la quantité d'acide phosphorique que l'on trouve dans les céréales qui en renferment le plus, on a calculé que si 10000 kil. d'une terre contenaient 4 kil. d'acide phosphorique, ou si elle contenait quatre dix-millièmes de son poids d'acide phosphorique, le sol ainsi approvisionné pourrait fournir pendant cent ans aux récoltes de céréales tout l'acide phosphorique dont elles auraient besoin.

Nous citons ces chiffres pour montrer que ces principes si importants n'ont besoin de se trouver dans le sol qu'en quantités extrêmement minimes, et ne peuvent plus être comparées avec les masses d'argile et de sable qui constituent la terre elle-même; qu'ainsi le jardinier trouvera dans le sage emploi des engrais une quantité de ces principes minéraux équivalente à celle que les plantes enlèvent au sol.

Les *sels alcalins*, la potasse et la soude, se rencontrent assez ordinairement dans les sols : leur présence, au reste, y est absolument nécessaire pour certaines cultures, celle de la vigne, celle des pommes de terre, des betteraves, du trèfle, etc. Si on craint qu'un sol ne renferme pas assez de potasse et de soude, on pourra lui donner des cendres qui en contiennent une quantité notable, puisque nous avons vu que les cendres fournissent presque toute la potasse employée en si grande quantité dans les arts.

Le *sel marin* existe presque toujours dans le sol, mais il s'y trouve en très-faible quantité ; et il est heureux qu'il en soit ainsi : car, si un sol en contenait seulement 2 p. 100, un grand nombre de plantes cesseraient d'y végéter.

La *silice*, que nous avons vu jouer, au point de vue physique, un rôle si important dans les sols, s'y rencontre à l'état soluble, et on la retrouve en quantité considérable dans les cendres de certains végétaux : les pailles de froment, entre autres, laissent, par l'incinération, un résidu qui contient jusqu'à 70 0/0 de silice. On a remarqué, de plus, que, dans les sols pauvres en cette substance, les blés se couchaient facilement, et on est en droit de croire que c'est à la présence de la silice que la paille doit la rigidité qui la rend capable de supporter un lourd épi à l'extrémité d'une tige longue et déliée.

Carbonate de chaux. Nous avons rangé le carbonate de chaux comme la silice dans les éléments physiques du sol ; mais cependant la craie se rencontre dans les cendres des végétaux, et paraît même de la plus grande utilité à certaines plantes, utilité telle, qu'on l'ajoute quelquefois aux sols qui en sont complétement dépourvus. Nous reviendrons, au reste, sur cette addition de la chaux au chapitre des engrais. Le carbonate de chaux est insoluble dans l'eau pure, mais il est, au contraire, très-soluble dans l'eau légèrement chargée d'acide carbonique ; les légumineuses surtout réussissent très-bien dans les sols riches en chaux.

Cette substance peut encore être fournie par un autre sel, le plâtre ou sulfate de chaux, qui est légèrement soluble dans l'eau. Certains sols improductifs et très-pauvres en calcaires se sont très-bien trouvés, dans la culture de certaines plantes, d'une addition de plâtre.

Outre ces éléments minéraux, les sols renferment une quantité plus ou moins considérable de débris organiques, qu'on désigne ordinairement sous le nom d'humus ou terreau. Toutes les plantes laissent sur le sol qui les a portées des parties plus ou moins utiles pour les végétations suivantes : les arbres abandonnent leurs feuilles, les plantes annuelles, leurs tiges, leurs feuilles et leurs racines, etc. ; toutes ces matières, soumises à l'influence de l'air et de l'humidité, se décomposent lentement en dégageant de l'acide carbonique, qui, entraîné par l'eau, viendra servir d'aliment aux jeunes plantes succédant aux premières. Ces matières organisées contiennent toujours en outre une certaine proportion d'azote qui, sous l'influence des agents atmosphériques, se transforme et devient ainsi facilement assimilable.

Ces terres riches en débris organiques sont d'un usage fréquent dans la culture des jardins.

Les *terreaux doux* proviennent de la décomposition des matières animales,

Les *terreaux acides* sont formés par des détritus végétaux. — Parmi ceux-ci, un des plus employés est la *terre de bruyère*, qui se forme dans les terrains secs où se décomposent des bruyères et des fougères. Certaines plantes se plaisent dans la terre de bruyère : telles sont les camélias et les rhododendrons.

CHAPITRE SIXIÈME.

Des Engrais.

Nécessité des engrais.

On sait depuis longtemps, et l'expérience prouve tous les jours, qu'à de rares exceptions près, une terre toujours privée d'engrais ne peut indéfiniment produire des récoltes de plantes qui, comme les céréales, demandent beaucoup au sol qui les porte. Des terres qui autrefois donnaient des produits extrêmement abondants sont maintenant devenues d'une stérilité presque absolue ; il en est de nombreux exemples en Amérique, où des sols primitivement très-féconds ont été successivement appauvris par des cultures forcées, et sont maintenant complétement abandonnés ; la Sicile, surnommée le grenier de Rome, s'est appauvrie de la même façon.

Ce que nous avons dit sur la constitution chimique des végétaux permet de comprendre facilement cet épuisement. En effet, si les plantes se nourrissent aux dépens du sol et aux dépens de l'atmosphère ; si les unes, comme le trèfle, la luzerne, etc., prennent à l'air, non-seulement de l'acide carbonique, mais encore de l'azote, il en est d'autres, comme les céréales, qui ne prennent à l'air que de l'acide carbonique, et qui puisent entièrement dans le sol la quantité considérable de matières azotées qu'elles contiennent. On sait de plus que tous les végétaux enlèvent au sol, outre une certaine quantité de carbone, des éléments salins que nous retrouvons dans leurs cendres. Au bout d'un temps plus ou moins long, les sols, dépouillés successivement de leur azote, de leur carbone et des sels utiles à la végétation, ne pourront plus rien fournir aux plantes : on aura alors une terre d'une stérilité absolue, dans laquelle les plantes pourront à la rigueur croître et se développer, mais dans des conditions telles, que toute exploitation agricole sera impossible et ruineuse.

De toute nécessité, il faut donc rendre aux sols épuisés par les cultures les éléments nécessaires aux plantes, et qu'elles ne peuvent puiser dans l'atmosphère. — On donnera le nom d'engrais à toute matière végétale ou minérale susceptible de jouer ce rôle réparateur. — Un *engrais sera* donc pour nous *toute matière propre à rendre à la terre épuisée par la culture sa fécondité première.*

Comme nous venons de le voir, l'épuisement du sol peut tenir à l'absence de produits organiques capables de fournir de l'azote et du carbone, ou bien à l'absence de sels dont les plantes ont besoin. De là, deux sortes d'engrais :

1° Engrais d'origine organique ;

2° Engrais minéraux ou amendements.

Section Ire. — Engrais organiques.

1. — *Des matières propres à servir d'engrais.* — Les cultivateurs ont dû depuis longtemps chercher les moyens de remédier à cette stérilité des sols qu'ils exploitaient ; et ici, comme dans toutes les sciences, la pratique, l'expérience, ont devancé de bien loin la théorie ; celle-ci est venue ensuite expliquer les méthodes suivies, les améliorer, en donner la raison, et en faire surgir ainsi des procédés plus parfaits et plus logiques.

On sait depuis longtemps qu'on peut employer très-utilement, pour améliorer les terres, des litières d'étable et d'écuries imprégnées des déjections des animaux. Les fumiers sont réputés d'excellents engrais depuis un temps immémorial; mais c'est seulement dans ces dernières années que la chimie a fait assez de progrès pour expliquer d'une manière satisfaisante leur mode d'action, indiquer les conditions les plus favorables à leur production et à leur conservation, pour en obtenir le plus de profit possible, et enfin faire connaître les substances qui peuvent, jusqu'à un certain point, leur être substituées, ou du moins concourir avec eux à l'amélioration de la terre. Tels sont les engrais purement animaux, le produit des vidanges, le guano, etc.; ou bien les engrais verts, qui étaient d'un usage si fréquent dans l'antiquité.

Nous étudierons successivement chacune de ces espèces d'engrais, leur composition, leur mode d'action, etc., et nous comparerons leur richesse relative; mais il convient d'abord de faire voir comment toutes ces matières peuvent être d'un effet utile, comment les substances qui les constituent doivent se transformer pour pouvoir être assimilées par les végétaux, et leur servir ainsi d'aliments.

2. *De la décomposition des matières organisées.* — Quand on passe en revue les nombreux composés qui se trouvent dans les végétaux, qu'on les voit jouir de propriétés si différentes, bien qu'ils soient tous uniformément formés des mêmes éléments; quand on se rappelle que le végétal, pour édifier ces substances si com-

plexes, n'a cependant à sa disposition que de l'eau, de l'acide carbonique et de l'azote, on est obligé d'admettre que les combinaisons variées produites par ces quatre éléments simples s'effectuent sous l'influence d'une force particulière qu'on nomme *force vitale*.

Aussitôt que cette force n'existe plus, que le végétal est mort, les éléments qu'il avait groupés d'une façon compliquée, tendent à reconstituer des molécules plus simples. L'air et l'eau sont indispensables à ces transformations, qui se manifestent avec des circonstances particulières, suivant que la matière végétale contient de l'azote ou n'en contient pas. Nous allons examiner successivement ces deux ordres de composition.

3. *Décomposition des substances végétales dépourvues d'azote.* — Lorsqu'on abandonne au contact de l'air et de l'humidité, et sous l'influence d'une température supérieure à 9 ou 10°, des substances organiques, telles que le bois, les chiffons de toile, presque exclusivement formées de cellulose et de ligneux, on voit bientôt ces matières se décomposer, changer de couleur, noircir : la masse s'échauffe, et, si on opère dans une atmosphère limitée, on observe qu'il se forme de l'acide carbonique, et que la matière perd de l'eau; l'altération augmente de plus en plus, et on obtient enfin une substance brune, presque noire, se dissolvant facilement dans la potasse, et qui constitue le *terreau*. Mais le terreau n'est pas le dernier terme de la décomposition végétale, il continue à brûler lentement son charbon au contact de l'air, et finit par ne laisser qu'un résidu minéral ou terreux. Nous avons déjà eu occasion de parler de cette substance noire, qui absorbe l'eau avec facilité, la retient énergiquement, et qui enfin donne lieu à un dégagement constant d'acide carbonique

soluble dans l'eau, et pouvant arriver ainsi aux racines des plantes.

Quand les matières susceptibles d'éprouver cette combustion lente se trouvent réunies en masse, la température s'élève considérablement : on peut le remarquer dans les tas de feuilles mortes que l'on accumule en automne, et aussi dans les fenils où l'on rentre des foins encore verts. L'humidité accélérant la décomposition, il n'est pas rare, comme nous l'avons déjà dit, que la température s'élève assez pour qu'une combustion vive succède à la combustion lente, et qu'il se déclare des incendies.

4. *Décomposition des matières organiques azotées.* — Les matières organiques azotées se décomposent beaucoup plus rapidement encore que les précédentes, et donnent lieu à des produits plus complexes. Il arrive souvent que ces décompositions produisent des gaz d'une odeur fétide; aussi les a-t-on désignées sous le nom de *putréfaction.* Ce sont surtout les matières d'origine animale qui donnent lieu à ces sortes de décompositions, qui se terminent toujours par une formation de sels à base d'ammoniaque. Nous avons déjà eu occasion de parler de cette combinaison d'hydrogène et d'azote, et nous verrons, dans le courant de ce chapitre, quelle immense importance elle a au point de vue agricole.

Les matières végétales, riches en azote, se décomposen également en donnant lieu à la formation de sels ammoniacaux; l'eau intervient dans cette réaction, qui est, au reste, toujours accompagnée de cette combustion lente, caractéristique de la décomposition des matières carbonées.

L'urine, les excréments des animaux, leur chair, les principes azotés des graines, le gluten, l'albumine végétale, etc., donnent lieu, après des transformations plus ou moins complexes, à des sels à base d'ammoniaque.

Non-seulement les matières azotées se décomposent plus rapidement que les matières carbonées (le bois, les pailles, les feuilles), mais elles en activent considérablement la décomposition. Ainsi, des pailles, qui ne se transformeraient que très-lentement en terreau si elles étaient seules, se désagrégent et se décomposent très-rapidement lorsqu'elles sont mélangées à des matières animales riches en azote, comme le sont les excréments et les urines qui les accompagnent dans les fumiers.

En nous résumant, nous voyons que, mettant de côté les parties encore obscures de ces phénomènes de décomposition, nous pouvons dire que les matières carbonées sont une source de terreau et d'acide carbonique, et les matières azotées une source de sels à base d'ammoniaque.

Nous allons prouver maintenant, par des faits tirés de la pratique, que ces deux éléments sont en effet ceux que l'on recherche dans les engrais, et qu'ils sont l'un et l'autre nécessaires à la végétation.

5. *De l'emploi de l'humus et des sels ammoniacaux.* — L'utilité de l'*humus* est facile à comprendre au point de vue physique ; il absorbe l'eau et la retient énergiquement ; il ameublit le sol, et lui fournit de l'acide carbonique qui, dissous dans l'eau, lui permet de se charger de plusieurs sels qu'elle ne saurait dissoudre seule.

M. de Gasparin nous a prouvé expérimentalement que, deux plantes semées, l'une dans une terre absolument privée de matières organiques, l'autre dans un sol contenant du terreau, ont végété avec une énergie bien différente, et que les dernières se sont trouvées, après le même laps de temps, plus riches en carbone que les premières. Ainsi, l'utilité de l'humus ne peut donc être contestée.

Les sels à base d'ammoniaque, au premier abord, semblent avoir un moindre effet sur la végétation ; mais des expériences directes démontrent bientôt la puissance de leur action. Davy, un des plus grands chimistes dont s'honore l'Angleterre, démontra, 1° que des plantes arrosées avec de l'eau contenant une faible proportion de carbonate d'ammoniaque végétaient plus énergiquement que des plantes semblables arrosées avec de l'eau pure ; 2° qu'en plaçant dans une vaste cornue du fumier en pleine décomposition, et dirigeant le bec de cette cornue sous les racines d'un gazon, on observait au bout de quelques jours un effet très-sensible ; le gazon exposé aux vapeurs qui s'échappaient du fumier était infiniment plus beau, plus élevé que celui d'alentour. Or quelles étaient ces vapeurs s'échappant du bec de cette cornue ? Des vapeurs ammoniacales. Il est bien facile de nous en convaincre ; nous savons que l'ammoniaque a une odeur vive et piquante, nous savons qu'avec l'acide chlorhydrique elle donne des fumées blanches et épaisses : or cette odeur, on la sent au-dessus des tas de fumier ; ces vapeurs, on les aperçoit d'une façon bien nette dans une étable ou une bergerie.

Enfin, l'horticulture emploie aujourd'hui, comme engrais, une matière particulière provenant de certains îlots de la mer du Sud, et qu'on appelle *guano* ; cet engrais est extrêmement énergique, et donne d'excellents résultats : or l'analyse démontre qu'il est presque exclusivement formé de sels à base d'ammoniaque. Il en est de même de la colle forte, de la corne râpée, délayée ou dissoute dans l'eau, etc., substances dont la composition n'est pas très-différente de celle du guano, et que l'agriculture emploie aussi avec un grand avantage.

Pour citer encore un fait plus connu de tout le monde, rappelons que les produits des vidanges des villes donnent des engrais extrêmement puissants, auxquels nos provinces du Nord doivent leur prospérité agricole ; et bien, par leur décomposition, ces matières donnent une masse considérable de sels ammoniacaux, que nos jardiniers laissent souvent perdre à leur détriment.

Si nous savons maintenant quels sont les éléments que l'on recherche dans les engrais, nous pourrons les étudier avec fruit ; mais, avant de nous en occuper spécialement, il convient de dire comment on peut comparer leur valeur relative. La question est assez délicate ; car, dans les fumiers, par exemple, bien des éléments sont utiles au développement des plantes : l'*humus* que donnent, par leur décomposition, la cellulose et le ligneux ; les sels ammoniacaux que fourniront les matières azotées ; les sels alcalins ou terreux qui composent les cendres sont autant de substances importantes, et aucune d'elles ne doit être négligée. Mais, si leur association est utile, nous devons cependant reconnaître que l'azote est l'élément indispensable de tout engrais proprement dit, l'élément que la plante ne peut très-souvent prendre ailleurs, tandis que le sol lui fournit ordinairement les éléments salins qui lui conviennent, et que l'acide carbonique de l'air lui donne du charbon. On peut donc dire, dans une certaine mesure, que la proportion d'azote indiquera la valeur d'un engrais, et que celui qui en contiendra 3 pour 100 vaudra plus que celui qui n'en renfermera que 1 pour 100.

Ce principe admis, on a dressé des tableaux compa-

ratifs de la valeur des engrais, d'après la quantité d'azote
que chacun d'eux donne à l'analyse. On a pris pour
terme de comparaison le fumier de ferme, qu'on a re-
présenté par 100. Le chiffre qui exprime la quantité de
chaque espèce d'engrais correspondant par sa richesse
à 100 de fumier de ferme, est ce qu'on appelle son
équivalent. On comprend tout de suite qu'un engrais
sera d'autant plus énergique que son équivalent sera
plus faible, puisqu'il faudra une quantité moindre de
matière pour produire un même effet.

Un engrais dont l'équivalent sera 20 sera 5 fois plus
énergique que le fumier de ferme ; car, s'il faut 100 k. de
de fumier pour produire un effet donné, il ne faudra que
20 k. de l'autre engrais pour obtenir le même résultat ,
c'est-à-dire 5 fois moins.

Pour plus de facilité dans notre étude, nous diviserons les engrais d'origine organique, dont nous allons
nous occuper d'abord, en trois genres :

Engrais végétaux;
Engrais animaux;
Engrais mixtes.

I. — *Engrais végétaux.*

1. *Engrais verts.* — On doit se rappeler que nous avons
cité (page 74) l'analyse d'un trèfle développé dans un sol
absolument stérile. L'analyse de la récolte ainsi obte-
nue, comparée à celle de la graine semée, démontrait
que la plante avait pris dans l'atmosphère une certaine
quantité d'azote. Il est évident, dès lors, qu'en enfouis-
sant un pareil végétal, ce dernier pourrait, en se décomposant, comme nous l'avons dit, enrichir le sol en lui
apportant une certaine quantité de matières organiques,

azote, carbone, etc., entièrement prélevées sur l'atmosphère. Telle est l'explication d'une méthode très-ancienne, en usage chez les Grecs et chez les Romains, et qu'on appelle l'*enfouissement en vert*. En général, on n'enfouit pas toute la récolte; on fait une ou deux coupes qui sont destinées à la nourriture du bétail, et on enfouit la troisième pousse. On peut ainsi économiser notablement les engrais. Outre ces engrais végétaux (tels que les fèves, les vesces, le lupin) cultivés et enfouis sur le sol même qui les a portés, on emploie souvent comme engrais des plantes qui viennent spontanément, telles que les roseaux, les herbes qui pullulent dans nos vignobles, et surtout les plantes marines, connues sous le nom *varechs*. Ces dernières sont rejetées constamment sur les plages de la mer, où l'on a soin de les recueillir; mais on fait de plus, à certaines époques, de véritables récoltes en grattant, à l'aide de râteaux tranchants, les rochers couverts de ces plantes. En général, on ne les emploie que lorsqu'elles ont été pendant quelques jours exposées à l'air, et que quelques ondées les ont débarrassés de leur excès de matière saline. Les varechs se décomposent avec une facilité extrême, et l'expérience a prouvé qu'ils constituent un engrais énergique. L'analyse rend parfaitement compte de ce fait : elle démontre que l'équivalent du fumier de ferme ordinaire étant 100, celui des varechs humides est compris entre 30 et 50, c'est-à-dire que, s'il faut 100 kil. de fumier de ferme pour fumer une surface déterminée, il ne faudrait que 35 ou 40 kil. de varech pour fumer la même surface. Outre cet avantage, les plantes marines ont encore celui de ne point salir le sol en y introduisant des graines de mauvaises herbes. Nos paysans bretons et normands, les maraîchers de Roscoff, font grand usage de ces végétaux sous-marins.

2. *Marcs.*—Les *marcs des pommes* qui ont servi à faire du cidre, le *marc de raisin*, peuvent être employés comme engrais. Le premier est surtout convenable dans un sol riche en carbonate de chaux ; quand la terre n'en contient pas, il est convenable d'en mélanger avec ce résidu ; l'acide acétique qu'il dégage en se décomposant pourrait, sans cela, avoir des effets défavorables sur les jeunes plantes. Le marc de raisin peut être employé avec avantage en *paillis*.

3. *Tourteaux.*—Les résidus de la fabrication des huiles sont aussi considérés, à juste titre, comme d'excellents engrais ; on les emploie aussi avec plus de raison à la nourriture du bétail. Il est facile de comprendre que les *tourteaux* de colza puissent, par exemple, être d'un effet très-utile. Nous savons que l'huile qu'on en a extraite est composée de carbone, d'hydrogène et d'oxygène, qu'elle ne contient pas d'azote, pas de sels minéraux ; ses éléments ont donc été pris presque exclusivement à l'atmosphère, et, en employant le tourteau comme engrais, on rend au sol tout l'azote et toutes les matières minérales qui avaient servi à la constitution de la graine. Les tourteaux de lin, de sésame, etc., sont considérés comme les plus riches du genre ; leur équivalent est extrêmement faible, 8 kil. pour le tourteau de lin, 8 $\frac{1}{3}$ pour le tourteau de colza.

4. *Fanes.*—Enfin, il faut ajouter aux engrais d'origine organique dont nous venons de parler les débris, les résidus de récolte qui restent sur le sol, et qui contribuent à sa fertilisation. Les céréales laissent leurs racines et leurs chaumes ; les pommes de terre, les betteraves, les colzas, leurs fanes ou leurs pailles ; les

arbres leurs feuilles, toutes matières plus ou moins riches qui se décomposent dans le sol, et y augmentent en définitive la proportion de matières organiques, tout en restituant au sol une partie des éléments terreux qui lui ont été empruntés par les plantes.

Plusieurs de ces substances, les pailles, les roseaux et les fanes, sont d'une décomposition lente et difficile, et souvent, pour l'activer, on les stratifie avec de la chaux, qui détermine une altération beaucoup plus rapide. Il faut n'employer ce moyen énergique qu'avec précaution, car la chaux décompose bien, en effet, les substances organiques, mais elle dégage l'ammoniaque qu'elles contiennent, et peut ainsi diminuer notablement la valeur de ces substances comme engrais.

II. — *Engrais d'origine animale.*

Comme nous l'avons dit au commencement de ce chapitre, les excréments solides et liquides des animaux sont considérés à juste titre comme d'excellents engrais; ces excréments sont la plupart du temps mélangés aux matières végétales qui servent de litières au bétail, et nous devrons, par conséquent, les ranger dans les engrais mixtes ; au contraire, les excréments de l'homme, ceux de certains oiseaux, le parcage des moutons, les débris de chair musculaire, de corne, etc., sont des engrais d'origine purement animale, et ce sont ceux-là qui doivent nous occuper d'abord.

1. *Excréments humains. Urines.*—Les excréments humains sont un des agents les plus énergiques dont puisse disposer l'agriculteur, et, dans les pays où la culture est avancée, on les recherche et on les conserve avec le plus grand soin.

L'urine de l'homme, qui est légèrement acide au moment où elle vient d'être rendue, éprouve bientôt au contact de l'air une décomposition qui la rend alcaline. Les substances azotées qu'elle contient se transforment alors en carbonate d'ammoniaque. Ce sel, le plus volatil de tous ceux que forme l'ammoniaque, s'évapore facilement, et enlève ainsi à l'urine son élément le plus actif.

« L'analyse prouve que chaque kilogramme d'ammoniaque qui se perd contient autant d'azote que 60 kilogr. de froment, et que la perte de 60 kilogr. d'urine équivaut moyennement à celle d'un kilogr. d'ammoniaque. Nous sommes ainsi conduits à cette conséquence, que la perte d'un kilogr. d'urine correspond à celle d'un kilogr. de froment. » (Isidore Pierre, *Chimie Agricole*.)

On voit, d'après cela, quelle perte immense pour l'agriculture se réalise tous les jours dans une grande ville comme Paris, où l'urine n'est pas recueillie. Une des difficultés les plus grandes est le volume considérable que présente cet excellent engrais, et la facile évaporation du carbonate d'ammoniaque qu'il renferme. La question se réduit à transformer le carbonate d'ammoniaque en un sel fixe et en même temps peu soluble, qui pourrait se déposer rapidement ; l'excès de liquide deviendrait dès lors inutile, et on aurait un engrais énergique sous un petit volume.

C'est là le problème qu'on a essayé de résoudre. Une des substances qui semblent réussir le mieux est le plâtre ou sulfate de chaux ; il se produit par l'addition de ce sel du sulfate d'ammoniaque et du carbonate de chaux. Le sulfate d'ammoniaque étant tout à fait fixe, il n'y a plus d'évaporation à craindre.

L'inconvénient de cette méthode est que le sulfate

d'ammoniaque reste en dissolution, et qu'il faut des frais de combustible pour évaporer le liquide qui le renferme.

Le charbon jouit aussi de la propriété d'absorber les vapeurs ammoniacales ; il a été employé avec succès pour absorber la partie utile des urines.

M. Boussingault a proposé aussi, il y a quelque temps, d'obtenir à la fois, dans les urines, les deux éléments qui paraissent les plus énergiques, les phosphates et l'ammoniaque. Ce moyen consiste dans l'addition d'un sel de magnésie préalablement dissous dans l'eau, pour faciliter le mélange ; il se forme du phosphate ammoniaco-magnésien insoluble dans l'eau. Ce dépôt est terminé au bout de quelques semaines ; on peut faire écouler la partie liquide : la partie solide et utile est d'un transport facile, à cause de son petit volume [1].

D'après des recherches récentes, on admet qu'un homme qui, en 48 heures, secrète 1268 grammes d'urine, émet 12 grammes d'azote et environ 1 gramme de phosphate terreux.

2. *Matières fécales.*—Les excréments solides de l'homme sont d'un emploi aussi avantageux dans la culture ; mais, bien que ce fait soit maintenant constaté d'une façon certaine, on est, en France, loin d'utiliser ces matières comme le font des cultivateurs flamands, suisses et chinois.

La fabrication de la poudrette, qui est encore très-répandue, est un des plus mauvais moyens d'exploitation des matières fécales. Elle consiste à séparer les ma-

---

(1) Il serait à désirer qu'on pût employer cette méthode en grand, car le phosphate ammoniaco-magnésien est un des agents fertilisants les plus puissants quel'on connaisse.

tières solides et liquides par un repos plus ou moins prolongé dans des bassins, et à laisser les premières se dessécher au contact de l'air.

Elles perdent ainsi, en infectant l'atmosphère, une grande partie de leurs éléments volatils. Une analyse due à M. Soubeiran indique 1,78 d'azote dans 100^g de poudrette. D'après ce chiffre, son équivalent serait 26,3.

On comprend facilement qu'on ait tenté à différentes reprises de traiter les matières fécales de façon à les désinfecter en conservant tous les éléments utiles à la végétation.

Nous ne pouvons entrer ici dans les détails de tous ces essais; nous nous contenterons d'énoncer le principe, qui consiste à transformer, d'une part, le carbonate d'ammoniaque volatil et odorant en un sel ammoniacal fixe et inodore, et à s'emparer, de plus, des vapeurs qui pourraient échapper à la décomposition, au moyen d'un charbon léger.

Le plâtre, le sulfate de fer ou de zinc et le charbon forment la base de tous ces systèmes désinfectants, qui arriveront probablement bientôt à une perfection suffisante pour qu'on abandonne complétement la fabrication inintelligente de la poudrette.

3. *Engrais flamand*. — En Flandre, on emploie un procédé particulier pour conserver les déjections humaines, qui sont recueillies avec le plus grand soin. Dans chaque petite exploitation agricole, on établit une citerne munie de deux ouvertures, l'une au centre de la voûte supérieure, et l'autre dans le mur du nord. Toutes les fois que les travaux le permettent, les attelages vont à la ville chercher des vidanges qu'on dépose dans la cuve, où elles restent pendant plusieurs mois; elles y éprouvent une sorte de fermentation qui n'occa-

sionne pas de pertes sensibles à cause de la grande quantité de liquide auquel les matières sont mélangées. L'engrais flamand se répand sur les terres à l'état liquide. On place dans un des coins du champ que l'on veut fumer une cuve dans laquelle on verse la *gadoue*, et un ouvrier, armé d'une cuiller, administre l'engrais à chaque plante en particulier.

Quand la cuve est vide, on la transporte dans un autre endroit, on la remplit de nouveau, et ainsi de suite.

L'engrais flamand, à l'état liquide, ne contient que 0,2 p. % d'azote; il est d'un effet extrêmement rapide, et donne dans l'année tout ce qu'il peut donner. Il est donc difficile de le comparer au fumier de ferme, dont la décomposition est plus lente, et qui exerce ainsi son influence pendant une plus longue durée.

Les excréments d'oiseaux forment un des engrais les plus chauds et les plus énergiques; on leur donne le nom de *colombine;* ils contiennent 8 p. % d'azote.

4. *Guano.* C'est un engrais analogue à la colombine; il est très en usage sur les côtes du Pérou; on l'exploite dans plusieurs îlots de la mer du Sud, où il forme jusqu'à des couches de 20 mètres d'épaisseur. Le guano a été produit par les déjections des nombreux oiseaux qui fréquentent encore aujourd'hui les îlots où il est exploité.

D'après les calculs de M. de Humboldt, en trois siècles, ces oiseaux ne pourraient former qu'une couche de 1 centimètre d'épaisseur; on peut donc à peine se faire une idée du temps prodigieusement long qu'il a fallu pour former des dépôts si considérables.

Le guano est formé en grande partie de sels ammoniacaux et de phosphates alcalins et terreux. Il contient, comme la colombine, 8 p. % d'azote. Dans les terrains sablonneux des côtes du Pérou, on admet qu'un terrain non fumé, donnant 18 pour 1 de la semence, rendrait 230 pour 1 s'il avait été fumé avec du guano.

5. *Colle, cornes, laines, cuirs.* — Pour terminer cette rapide description des engrais d'origine animale, nous devons ajouter que la chair musculaire, les os, les tendons et les autres débris provenant des animaux abattus, sont considérés à juste titre comme pouvant servir d'engrais. Nous reviendrons, en parlant des engrais minéraux, sur l'usage extrêmement avantageux qu'on peut faire des os.

Les engrais d'origine animale dont nous venons de parler présentent le grand avantage de ne jamais introduire dans le sol des graines de mauvaises herbes, mais ils ont l'inconvénient de ne pas lui apporter ces matières organiques carbonées qui forment l'humus, et dont les propriétés physiques et chimiques sont cependant d'une grande importance. C'est par l'emploi simultané des engrais animaux et des fumiers que la Belgique est arrivée à la perfection horticole que nous lui connaissons.

III. — *Engrais mixtes ou fumiers.*

Tout le monde sait qu'on est dans l'usage d'étendre dans les étables et les écuries des litières en paille sur lesquelles couchent les animaux ; ces litières imprégnées, au bout d'un certain temps, d'urines et de matières fécales, constituent alors les *fumiers.*

Les pailles de céréales, qui servent ordinairement à former les litières, sont assez pauvres en matières azotées ; aussi, lorsqu'elles sont abandonnées à elles-mêmes, ne se décomposent-elles que lentement : la décomposi-

tion est au contraire assez rapide quand ces pailles ont
été imbibées d'urine et qu'elles sont mélangées avec des
excréments solides.

D'après ce que nous venons de dire sur les propriétés
fertilisantes des urines et des excréments de l'homme,
et qui peut s'appliquer à ceux des animaux, il est
évident qu'il n'en faut rien perdre dans une exploitation
bien entendue. Les litières imprégnées ne doivent pas
être jetées au hasard sur le tas de fumier; il faut les diviser, puis les tasser de manière à ce qu'il ne s'y forme
pas de vides. Dans les temps de sécheresse, on arrose
le tas de fumier pour prévenir une dessiccation trop
rapide. La fermentation s'établit en général trop
promptement dans la masse, et on a plutôt besoin de la
ralentir que de l'activer : ainsi, aérer et recouper le fumier fréquemment serait une mauvaise méthode. L'ar-
rosement fréquent et la superposition des litières nouvelles empêchent en général cette déperdition des principes fertilisants volatils.

Il ne faut pas non plus exagérer l'humidité à donner
au fumier, et, si on peut sans inconvénient le laisser exposé à la pluie, il ne faut pas y diriger des eaux couran-
tes qui entraîneraient toutes les parties solubles pour les
répandre au dehors : ce serait à la fois une cause d'insa-
lubrité et une grande perte pour le cultivateur.

Les fumiers peuvent être employés indifféremment à
l'état frais, ou quand ils ont déjà fermenté. A l'état frais, ils
n'ont aucun inconvénient : des expériences précises en-
treprises sur ce sujet par M. Gazzeri, chimiste italien,
ne permettent plus de doute à cet égard. Le même sa-
vant a démontré que par la fermentation les fumiers
perdaient plus de la moitié en poids de la matière sèche
qu'ils contenaient d'abord; bien que la perte soit loin

d'être aussi considérable quand on aménage avec soin le tas de fumier, cependant on a encore plus de garantie contre les pertes en employant les fumiers frais. En revanche, ceux-ci sont d'un effet moins rapide, et il peut arriver, surtout dans les pays froids, que la décomposition soit extrêmement lente.

Les pailles de céréales sont le plus ordinairement employées comme litières pour les animaux; mais on peut, quand elles sont rares, les remplacer soit par des fanes d'autres plantes, soit par des bruyères, de l'ajonc, etc.

Le fumier ordinaire contient, en général, de 60 à 70 pour 100 d'eau; il est beaucoup plus riche en carbone et en sels minéraux qu'en azote; c'est toujours cet élément qui est le plus rare, et par conséquent celui qu'il faut ménager avec le plus de soin, dont il ne faut perdre aucune partie. L'azote des fumiers se trouve d'abord à l'état de matière organique, et se transforme ensuite en sel ammoniacal. Cette dernière transformation est quelquefois assez longue à s'établir; ainsi M. Houzeau a constaté, dans un fumier fait du jardin des Plantes, l'absence complète de sel ammoniacal. Il a trouvé 0,53 pour 100 d'azote dans ce fumier à l'état humide, azote provenant entièrement des matières organiques. Dans un fumier de ferme de Béchelbronn, M. Boussingault a trouvé 0,41 pour 100 d'azote avant la dessiccation.

1° Ainsi, en nous résumant, le cultivateur devra recueillir avec soin toutes les urines dans une fosse ou un réservoir, de façon à pouvoir les reverser facilement sur le fumier;

2° Ne laisser arriver sur le fumier aucune eau courante;

3° Empêcher une fermentation trop vive, une trop grande élévation de température, soit en arrosant avec les eaux mêmes du fumier, soit en ajoutant de nouvelles litières.

Dans tous les engrais que nous venons de passer en revue, l'azote a été l'élément sur lequel nous avons fixé notre attention avec le plus de soin, nous lui avons assigné une valeur telle que nous avons pu apprécier celle des différents engrais par la proportion qu'ils en contiennent; cependant il ne faut pas croire que, par cela seul qu'une matière est azotée, elle puisse constituer une substance fertilisante, il faut que cet azote se trouve engagé dans une combinaison telle que, par la fermentation ou la putréfaction, il puisse former un sel ammoniacal; c'est là la condition essentielle. Ainsi la houille, la tourbe, etc., sont azotées, mais elles n'ont aucune action sur les plantes; car, sous l'influence des agents atmosphériques, cet azote ne saurait se transformer en une substance assimilable.

Section II. — Engrais minéraux.

Les engrais minéraux peuvent être appelés à jouer dans la culture deux rôles différents : ils sont introduits dans le sol pour être assimilés directement par les plantes, et alors leur rôle est purement chimique, ou bien ils peuvent, à la fois, être en partie absorbés et en partie contribuer à changer la nature physique du terrain; dans ce dernier cas, ils doivent nécessairement être employés en quantités beaucoup plus considérables, et on les a désignés sous le nom d'amendement. Nous allons rapidement passer en revue les matières minérales dont l'emploi est préconisé par les agriculteurs, en nous attachant autant que possible à définir ceux de ces principes dont les effets sont bien constatés, et qui peuvent trouver leur emploi dans le jardinage.

Dans cette étude, nous prendrons naturellement pour guide la composition des cendres des plantes. Si on pouvait toujours faire une analyse complète du sol sur lequel on agit, et mettre en regard l'analyse des cendres des végétaux qu'on y cultive, on aurait toutes les données possibles pour savoir quels sont les éléments salins qu'il faut introduire dans le sol.

1. *Phosphate de chaux.* — Nous avons constaté que ce sel existait dans les cendres d'un grand nombre de plantes, et notamment des céréales ; on comprend donc qu'il puisse être utile de rendre cet élément au sol que des récoltes nombreuses ont épuisé. C'est généralement dans les os des animaux qu'on va chercher le phosphate de chaux ; ils en contiennent en effet de 45 à 55 pour 100. Les os sont réduits en poudre par des moyens mécaniques, ou bien acidifiés par l'acide sulfurique, et mélangés avec du noir animal. Cet engrais a été employé avec succès, surtout en Angleterre, où l'on a importé d'Allemagne des quantités considérables d'ossements provenant des champs de bataille des guerres de l'empire.

Des expériences de laboratoire, et des résultats obtenus dans la grande culture, ne permettent pas de douter que, dans un grand nombre de circonstances, le phosphate de chaux ne donne de bons résultats, surtout quand on l'emploie après qu'il a subi l'action de l'acide sulfurique. Sur des turneps, des colzas, du tabac, ainsi que sur des prairies naturelles, les effets ont été très-remarquables.

2. *Sulfate de chaux.* — Il est déjà depuis longtemps

employé en agriculture, et ses effets sur les prairies arti-
ficielles sont bien constatés dans certains cas, notamment dans les sols pauvres en calcaire, et cette circonstance s'explique facilement, depuis qu'il est démontré
que le plâtre agit surtout comme élément contenant de
la chaux.

Aux États-Unis, le plâtre est d'un usage extrêmement
fréquent; on connaît l'expérience célèbre de Franklin.
Il traça sur le bord d'une grande route, près de Wa-
shington, dans un champ de luzerne, en y répandant du
plâtre en poudre les mots suivants : *Ceci a été plâtré.*
L'effet produit sur la prairie fut tel, que ces mots pouvaient facilement être lus par les voyageurs qui passaient
sur la route.

Les effets du plâtre ne se font pas sentir également
sur tous les terrains, et, de plus, il n'agit que sur la luzerne, le trèfle, le sainfoin, les vesces, les pois, les haricots; il a moins d'action sur les choux, les navets et le
tabac; son effet, peu sensible sur les prairies naturelles,
devient nul sur les céréales.

M. Boussingault a dosé la quantité d'acide sulfurique
et de chaux dans les cendres des végétaux le plus ordinairement cultivés; il a trouvé que dans les plantes légumineuses, telles que les pois, le trèfle, les haricots, qui
semblaient les plus avides de plâtre, l'acide sulfurique
était loin de répondre à la quantité de chaux qu'on y
trouvait. Il a démontré, de plus, que la quantité de plâtre contenue dans du trèfle venu sur sol plâtré ou sur
sol non plâtré était à peu près la même. Ainsi, 100
parties de cendres provenant de trèfle non plâtré renfermaient 6 parties de sulfate de chaux, et 100 parties
de cendres provenant de trèfle plâtré en renfermaient
un peu moins, 5.7.

L'ensemble de ces faits démontre que le sulfate de chaux n'est pas absorbé en entier, et tel qu'on le répand sur la plante, mais qu'il est décomposé par suite d'une action réductrice des matières carbonées avec lesquelles il se trouve en contact, changé probablement en sulfure, puis en carbonate, et que c'est à cet état qu'il est absorbé par les plantes. Le plâtrage équivaudrait donc à un chaulage, et c'est en effet ce qui a lieu; en Flandre, on remplace le plâtre par la chaux, et on s'en trouve bien. Il est facile de comprendre dès lors que le plâtre ne produit de bons effets que dans les sols pauvres en calcaire, puisque c'est presque exclusivement par la chaux qu'il contient qu'il est avantageux dans la culture.

3. *Chaux.* — Pour comprendre dans quel cas on peut employer utilement la chaux, il faut se rappeler ses propriétés. La chaux vive peut agir sur les éléments minéraux du sol; elle décompose en partie les argiles, et rend solubles la potasse et la soude que le sol contenait, en se combinant elle-même à une certaine quantité de silice. Mais l'action de la chaux est encore plus importante sur les éléments végétaux du sol; elle les désorganise très-rapidement, excite leur décomposition, et peut ainsi les transformer en engrais. Cette propriété de la chaux est mise à profit pour décomposer les plantes ou les débris qui recouvrent un terrain qu'on veut défricher. Il faut avoir soin cependant de ne pas exagérer la proportion de chaux qu'on introduit dans le sol; car, d'une part, elle pourrait, en décomposant les plantes avec trop d'énergie, chasser les matières azotées qu'elles renferment, et, de l'autre, son action pourrait s'exercer sur les semences et les faire périr. La chaux détruit encore les œufs et les larves de

différents insectes nuisibles; enfin elle se dissout légèrement dans l'eau, et peut ainsi pénétrer jusqu'aux racines des plantes. Au reste, la chaux se carbonate rapidement à l'air, et, au bout de quelque temps, elle
n'agit plus que comme élément calcaire, et c'est là en effet une des plus grandes utilités du chaulage que de
donner au sol le calcaire qui lui manque. On pourrait
même dans beaucoup de cas agir directement avec cet
élément, s'il était susceptible de se diviser aussi facilement que la chaux vive : le principal mérite de cet engrais est en effet de se déliter sous l'influence de l'humidité, et de produire une poudre extrêmement fine, qui
peut être facilement incorporée au sol. Il convient d'é-
teindre la chaux avec peu d'eau, et de la répandre par
un temps sec; dans les temps humides, elle se peletonne
et est plus difficilement introduite dans la terre.

4. *Marne.* — Ce précieux engrais était déjà employé
par les Gaulois. Un des hommes qui ont le plus contribué à répandre en France la méthode expérimentale
dans les sciences physiques, Bernard de Palissy, a vanté
ses propriétés dans un traité spécial, écrit à la fin du
XVIe siècle. La marne est composée principalement de
carbonate de chaux et d'argile; elle jouit de la propriété
précieuse de se déliter, de se réduire en poudre par l'action des agents atmosphériques. La marne agit sur le sol
par son élément calcaire et par l'argile qu'elle contient;
elle renferme souvent de plus une petite quantité de matières organiques azotées. C'est presque toujours comme
calcaire que la marne est employée. D'après M. Puvis,
un sol qui contient plus de 9 pour 100 de carbonate de
chaux n'a pas besoin d'être marné. On est quelquefois
dans l'habitude d'exagérer singulièrement la dose de
marne à employer; il est facile de voir, d'après la com-

position des cendres des végétaux, que la proportion de trois hectolitres de marne par hectare, qu'on donne habituellement aux sols pauvres en calcaire, est infiniment plus forte que celle qui serait rigoureusement nécessaire.

L'action de la marne a été constatée depuis longtemps; mais nous devons rappeler ici, ce qui s'applique du reste à tous les engrais minéraux, que leur emploi n'exclut pas celui des engrais organiques, et que, bien au contraire, il en appelle une plus forte proportion. Les récoltes plus considérables qu'on obtient à l'aide des agents minéraux demandent en effet davantage au sol, et, par suite, l'épuisent plus vite.

5. *Cendres.* — Les cendres de bois seraient, dans beaucoup de cas, d'un excellent usage pour l'agriculture, en rendant au sol des éléments évidemment utiles, puisqu'ils ont été absorbés par des végétaux; mais le grand nombre d'usages auxquels ces cendres donnent lieu empêchent presque constamment leur emploi comme engrais. Les seules cendres dont on fasse usage en agriculture sont celles de houille et de tourbe qui sont beaucoup moins riches en sels alcalins, mais qui renferment de notables proportions de carbonate et de sulfate de chaux; aussi leur action est-elle très-énergique sur les plantes avides de calcaire. Les cendres de tourbe, sont très-employées en Alsace et en Flandre, ainsi qu'en Hollande. On donne, dans le département du Bas-Rhin, jusqu'à 50 hectolitres par hectare pour les trèfles, et on en obtient des effets très-remarquables.

6. *Sel marin.* — Le sel marin est une substance qu'on a tour à tour préconisée ou entièrement condamnée, au point de vue de l'amendement des terres. Au premier abord, la question semble être

assez complexe, car on trouve des auteurs sérieux d'opinions tout à fait contraires, les uns ayant obtenu de bons résultats, les autres des résultats nuls ou même mauvais; mais cette divergence d'opinions tient à ce qu'on avait négligé une opération importante, l'analyse du sol sur lequel se faisait l'expérience. Une bonne terre doit avoir, pour ainsi dire, un degré de salure déterminé, salure telle que les plantes puissent y trouver la quantité de sel dont elles ont besoin. Si la terre sur laquelle se fait l'expérience est très-pauvre en sel, il est évident qu'une addition de ce principe qui la constituera dans son état de salure normal, devra produire de bons résultats; tandis qu'au contraire, si la terre est déjà suffisamment salée, une addition de sel, ou n'aura aucun effet, ou produira de mauvais résultats. Quelquefois même, au lieu de rechercher le sel, on s'efforce de l'éviter; on sait, par exemple, que les jardiniers d'Amsterdam font venir de l'eau douce d'Utrecht, plutôt que d'employer l'eau simplement saumâtre qu'ils ont à leur disposition. Au reste, M. Boussingault a montré, par l'analyse des cendres des plantes qu'il cultive dans son domaine, comparée à l'analyse des fumiers, que ceux-ci apportaient une quantité de sel supérieure à celle qu'enlevaient les plantes. — De son côté, M. Isidore Pierre a démontré, par plusieurs analyses d'eau de pluie recueillie à Caen, qu'il tombe annuellement, à l'état de dissolution dans cette eau, sur un hectare de superficie, 57 kilogr. 1/2 de chlorure de sodium, c'est-à-dire de quoi fournir à plus de trois récoltes de betteraves, à plus de dix récoltes d'avoine, et à plus de vingt-cinq récoltes de froment.

Il est donc à peu près inutile d'ajouter le sel comme engrais, puisque les engrais et la pluie apportent annuellement une quantité de cet élément plus considérable que celle dont les plantes ont besoin; dans tous les cas, il est important de ne pas mettre de sel en excès, surtout si la terre est sèche; dans ces conditions, 1 p. $^o/_o$ de sel dans le sol suffit pour le rendre stérile. Quand le sol est humide, la terre peut contenir jusqu'à 2 p. $^o/_o$ de sel marin sans cesser de produire.

7. *Tangues.* — On a attribué pendant longtemps à l'action du sel les bons effets que produisent certains résidus déposés sur les côtes par la mer, et qui portent le nom de tangues. Ces tangues, en général très-riches en carbonate de chaux, contiennent en effet une certaine quantité de sel; mais les cultivateurs qui font usage de cet engrais ont bien soin d'exposer les tangues à la pluie pour les dessaler : on a constaté, en effet, qu'elles produisaient des effets déplorables lorsqu'elles étaient incorporées au sol avant d'avoir été exposées à l'air pendant un certain temps. La richesse des tangues en carbonate de chaux explique les bons effets qu'elles peuvent donner dans des sols pauvres en calcaire.

FIN.

TABLE DES FIGURES.

TABLE DES MATIÈRES.